基于可变模糊集的系统安全理论研究

Research on System Safety Theory Based on Variable Fuzzy Sets

罗景峰 **著**

东北大学出版社

·沈　阳·

图书在版编目（CIP）数据

基于可变模糊集的系统安全理论研究 / 罗景峰著
. — 沈阳 ：东北大学出版社，2020. 09
ISBN 978-7-5517-2496-8

Ⅰ. ①基… Ⅱ. ①罗… Ⅲ. ①模糊集理论—应用—系统安全学—研究 Ⅳ. ①O159②X913

中国版本图书馆 CIP 数据核字（2020）第 167502 号

出 版 者：东北大学出版社
地址：沈阳市和平区文化路三号巷 11 号
邮编：110819
电话：024-83687331(市场部) 83680267(社务部)
传真：024-83680180(市场部) 83680265(社务部)
网址：http://www.neupress.com
E-mail:neuph@neupress.com
印 刷 者：沈阳海世达印务有限公司
发 行 者：东北大学出版社
幅面尺寸：185 mm×260 mm
印 张：9.75
字 数：207 千字
出版时间：2020 年 9 月第 1 版
印刷时间：2020 年 9 月第 1 次印刷
策划编辑：曲 直
责任编辑：孙德海
责任校对：刘乃义
封面设计：潘正一

ISBN 978-7-5517-2496-8 定 价：55.00 元

摘 要

本书将可变模糊集理论用于系统安全理论中的评价、预测、决策以及系统可靠性评价等问题的研究，提出了一整套基于可变模糊集理论的用于解决系统安全问题的模型与方法体系。

在分析现有安全评价方法的基础上，针对其存在的缺陷及不足，提出了用于系统安全评价的可变模糊识别评价方法、可变模糊评价方法、基于可拓与集对的可变模糊评价方法、考虑后悔行为的变权可变模糊评价方法、加权可变模糊评价方法，并通过实例与文献比较进行了验证。

基于可变模糊集理论与模型的综合评价方法，其实质是多模型组合评价，但评价方法未考虑模型权重对评价结果的影响。为此，利用基于模糊熵的改进二元比较模糊决策分析方法确定单一样本情况下各模型的权重，利用熵权法确定多样本情况下各模型的权重，提出了一类新的加权可变模糊评价方法，包括单一样本加权可变模糊评价方法、多样本加权可变模糊评价方法以及加权多层次可变模糊评价方法。加权可变模糊评价方法充分考虑了各评价模型的权重，使评价过程更加客观、合理。

基于可变模糊聚类模型与可变模糊模式识别模型内在的关联性，建立了系统安全预测的可变模糊组合预测模型，提出了一种可变模糊组合区间预测方法。该方法考虑可变模糊组合预测模型中权重参数的可变性，利用4组权重分别进行预测，相互验证了预测结果的稳定性和可靠性，提高了预测结果的可信性。并结合矿井瓦斯涌出量的实例，说明了方法的可行性和有效性，为矿井瓦斯涌出量预测提供了一种全新的途径。

方案优选是系统安全决策的核心内容。分析了现有方案优选方法存在的不足，为保证优选结果的准确性和一致性，建立了系统安全决策的可变模糊优选模型，提出了系统安全决策的可变模糊优选方法。该方法通过变化模型提高了系统决策的可靠性，并以应急指挥决策和安全投资决策两例对方法的优越性进行了验证。

针对可变模糊优选决策方法未考虑决策者心理行为和采用常权方法的不足，提出了考虑决策者心理行为的变权可变模糊决策方法和基于后悔理论的变权可变模糊决策方法，并以酒店火灾应急决策问题为例进行实证分析，验证了该方法的可行性和有效性。

系统可靠性与系统安全性是密不可分的。可靠性问题是关乎系统成败的重大问题，为保证系统安全可靠地运行，首先要保证研究可靠性问题的方法和手段的可靠性。为此，根据系统可靠性的特点，建立了系统可靠性综合评价问题的可变模糊评价模型，提出了系统可靠性评价的可变模糊方法，并对模型中可变优化准则参数 α 和权重参数的可变性进行了研究。最后，以配电系统可靠性评价为例验证了可变模糊评价方法的稳定性和可靠性。

目 录

第一章 绪 论

第一节 研究背景及意义

第二次世界大战后，伴随科学技术的迅猛发展，系统变得越发复杂，大规模复杂系统不断涌现。这些系统一旦发生事故，后果往往十分严重。复杂系统的安全性问题开始引起世人的关注。传统工业安全理念和方法体系面临着巨大挑战，局部安全观已不能应对复杂系统的安全性问题，时代发展迫切需要新型安全观的产生。

20 世纪五六十年代，在原有工业安全理念和方法的基础上，旨在解决复杂系统安全性的理念和方法体系——系统安全应运而生。系统安全首先成功地应用于解决武器、航空航天、核电站等系统的安全性问题，然后逐渐被推广到工业安全的各个领域。

系统安全[1-3]是指在系统寿命期间内应用系统安全工程和管理方法，辨识系统中的危险源，并采取控制措施使其危险性最小，从而使系统在规定的性能、时间和成本内达到最佳安全程度。系统安全的理念是早在一个新系统构思阶段就必须考虑其安全性，制订并开始执行安全工作规划，把系统安全工作贯穿于整个系统寿命期间，直到报废为止。在新系统的构思、可行性论证、设计、制造、试运行、运转、维修直到废弃的各个阶段都要辨识、评价、控制系统中的危险源。系统中存在的危险源是事故发生的根本原因。危险源是可能导致事故的潜在的不安全因素[1]。系统安全的基本内容就是辨识系统中的危险源，采取措施消除和控制系统中的危险源。

系统安全创新了安全观念[1-2]：安全的相对性；安全贯穿于系统的整个寿命期间；危险源是事故发生的根本原因；系统可靠性和系统安全性相辅相成。

系统安全预测、评价、决策以及系统可靠性评价等问题是系统安全理论与方法体系中非常重要的组成部分，也是系统安全得以实现的前提和基础。系统安全预测、评价、决策以及系统可靠性评价等一系列问题一直是广大学者研究的热点和焦点，也是摆在安全工作者面前的几项永恒探索的重大课题。解决好这些问题，对于实现系统安全和安全生产至关重要。

在研究系统的安全问题时，常以“极其安全”“十分安全”“十分危险”“极其危险”等不确定性的语言表达系统所处的安全状态。这是因为安全和危险是相对的，两者具有亦此亦彼的过渡性质，即模糊性。安全科学的认识[4]，总是从模糊走向精确，模糊和精确是辩证统一的。安全与危险之间没有精确的界限，是个模糊概念，但模糊又可用精确的数字来更好地进行解释。精确和模糊是一个问题的两个方面，模糊性可以说明精确性，适当的模糊反而精确。因此，要准确、客观地描述系统的安全状况十分困难，只能尽可能地使其符合客观实际。一般地，在对系统的安全性进行预测、评价、决策的过程中，影响系统安全的指标因素及获得的指标原始数据[5]，都或多或少具有模糊性，从而导致所研究的系统也具有一定的模糊性。当然，影响系统安全的指标因素中有些是确定的，根据模糊集理论，确定性可看作模糊性的一个特例。因此，系统的安全性问题是可以采用模糊集理论来进行研究和解决的。

正如唯物辩证法认为“世界是不断运动和变化的”一样，系统的安全状态也是不断发展和变化的，静态的系统安全技术措施[4]和静态的系统安全观念已不能满足人们对安全的需求。大量研究表明[6]：经典模糊集理论是静态概念、静态理论，不能描述模糊现象、模糊事件、模糊概念客观上存在的动态可变性。因此，经典模糊集理论已不能描述和解决带有动态模糊性的系统安全问题。于是，利用动态的系统安全观念去考察系统的安全问题，并寻求新的理论与方法体系去研究解决系统安全的预测、评价、决策及系统可靠性评价等一系列问题，对于实现动态掌握系统运行状况、减少系统安全事故是非常必要的。

陈守煜教授创建的可变模糊集理论[6-7]，是对经典模糊集静态概念与理论的突破。它是研究具有模糊性、动态性、不确定性为特征的复杂系统的有力工具，尤其适合解决涉及影响人们生命财产安全、社会稳定以及经济发展之类的重大问题[6-7]。该理论已在水文水资源科学等诸多领域的预测、评价、决策等问题上得到了成功应用和推广，且收到了良好的效果，已被证明是一种科学可靠的理论方法体系[6-97]。

21 世纪以来，现代社会高科技的发展，极大地促进了生产力发展，改变了人类生存环境，给人们的生产生活带来更多便利，但由于系统的高度集成和不断发展的巨型化趋势，一旦发生事故，带给人类的灾害将是比以往任何时期都更加严重和惨痛的，不仅危及人们的生命安全，而且对社会稳定和经济发展产生重要影响，系统安全面临新形势下的严峻挑战。表 1-1 为 2000 年以来国内外发生的一些具有代表性的重特大事故。

表 1-1　典型事故

时间	事故简介
2000 年 12 月 25 日	河南省洛阳市东都商厦发生特大火灾事故，造成 309 人死亡，7 人受伤，直接经济损失 275 万元
2002 年 5 月 7 日	北方航空公司 CJ6136 航班的一架 MD82 客机，在从北京飞往大连的途中在大连湾附近海域发生坠机事故，共造成 112 人死亡，包括 103 名旅客和 9 名机组人员

续表 1-1

时间	事故简介
2003 年 2 月 1 日	美国“哥伦比亚”号航天飞机在高空解体坠毁，7 名宇航员全部遇难
2003 年 8 月 14 日	美国东北部电网和加拿大联合电网发生有史以来影响最大的电网停电事故，事故波及美国东部和加拿大电网。事故共计损失负荷 6180 万 kW。事故中，美、加共有超过 100 座电厂停机，其中包括 22 座核电站。纽约市在停电 29 h 后恢复供电
2003 年 12 月 23 日	重庆市开县西南油气田分公司川东北气矿罗家 16H 井发生天然气井喷事故，造成周围人员硫化氢中毒，其中 243 人死亡
2004 年 9 月 27 日	四川省南充市蓬安县一艘“蓬安客 29 号”客船严重超载(核载 80 人)，从嘉陵江万和乡史家码头驶往金溪途中翻沉，船上人员全部落水，经抢救 67 人生还，66 人死亡
2005 年 2 月 14 日	辽宁省阜新矿业(集团)有限责任公司孙家湾煤矿海州立井发生一起特别重大瓦斯爆炸事故，共造成 214 人死亡，30 人受伤，直接经济损失 4968.9 万元
2007 年 4 月 18 日	辽宁省铁岭市清河区清河特殊钢有限责任公司钢水包整体脱落，钢水冲进炼钢车间办公室，当时该办公室正在进行交接班，造成 32 人死亡
2007 年 8 月 23 日—9 月 5 日	希腊境内森林火灾集中爆发，烧毁森林和耕地超过 100 万 hm^2，2 万多群众受灾，64 人死亡，3000 余人无家可归，许多珍贵物种消失，经济损失惨重，成为 150 年来全球最严重的森林火灾之一
2008 年 1 月 11 日	受持续低温阴雨的异常天气影响，常德、益阳等多地多条 220 kV 主干线覆冰，杆塔覆冰最厚处达七八十毫米。冰冻时间、覆盖范围、线路覆冰情况均为 1954 年以来最严重的
2008 年 4 月 28 日	由北京开往青岛的下行 T195 次旅客列车，行至胶济铁路周村站至王村站间 K289+940 m，列车脱线，第 9 至 17 位机车脱轨，尾部车辆侵入上行线，与上行线烟台开往徐州的 5034 次列车碰撞，造成 5034 次列车机车及机车后第 1 至 5 位车辆脱轨。造成 72 人死亡，415 人受伤
2008 年 8 月 1 日	山西省太原市娄烦县马家庄乡寺沟村太原钢铁集团尖山铁矿排渣厂发生山体滑坡，近 9 万 m^3 土方下泄，有 10 多间房屋被埋，找到 45 名遇难者
2008 年 9 月 8 日	山西省临汾市襄汾县新塔矿业有限公司发生尾矿库溃坝事故。造成 281 人死亡，34 人受伤
2010 年 4 月 10 日	波兰总统卡钦斯基乘坐的从华沙飞往斯摩棱斯克的图-154 飞机在俄罗斯机场附近坠毁，机上 132 人全部遇难，包括总统夫妇及多名政府高官
2010 年 5 月 22 日	印度航空公司一架波音 737 飞机在印度南部降落时失事，机上乘客和机组人员共 166 名，其中 158 人遇难，8 人幸存
2010 年 5 月 23 日	辽宁省阜新市彰武县境内，一辆严重超载的豪华卧铺客车(核载 36 人，实载 54 人)在铁朝高速 306 km 处，与一辆逆行的大挂车相撞，造成 33 人死亡，24 人受伤

续表 1-1

时间	事故简介
2010 年 7 月 16 日	大连新港至中石油大连保税油库输油管线在油轮卸油作业时发生闪爆，引发管线内原油起火，致上万吨油入海，创下我国海上溢油事故之最
2010 年 8 月 24 日	黑龙江伊春机场一架河南航空公司客机降落时失事，42 人死亡，54 人生还，其中 5 人重伤
2010 年 11 月 15 日	上海市静安区胶州路 728 号一幢 28 层楼的高层居民住宅发生火灾事故。共造成 58 人死亡，70 多人在院治疗，其中 17 人重伤
2011 年 3 月 11 日	日本东海岸强震海啸引发核泄漏事故，大量放射性物质泄漏，对人员健康和环境造成巨大影响
2011 年 7 月 23 日	浙江省温州市鹿城区双屿路段，D301 次列车与 D3115 次列车发生追尾事故。造成 40 人死亡，200 多人受伤
2012 年 8 月 29 日	四川省攀枝花市西区正金工贸公司肖家湾煤矿发生特别重大瓦斯爆炸事故，造成 45 人死亡
2013 年 6 月 7 日	福建省厦门市一公交车在行驶过程中突然起火，造成 47 人死亡，34 人受伤
2013 年 11 月 22 日	凌晨 3 时，青岛市黄岛区秦皇岛路与斋堂岛路交会处，中石化输油储运公司潍坊分公司输油管线破裂，并在处置过程中引发爆炸，造成 62 人死亡，136 人受伤，直接经济损失 7.5 亿元
2014 年 3 月 8 日	凌晨 2 时 40 分，马来西亚航空公司称有一架载有 239 人的波音 777-200 飞机与管制中心失去联系
2014 年 4 月 16 日	韩国时间 2014 年 4 月 16 日上午 8 时 58 分许，韩国一艘载有 476 人的“世越号”客轮在全罗南道珍岛郡海域发生浸水事故，之后沉没。该事故造成 296 人死亡，142 人受伤，另有 8 人下落不明
2014 年 12 月 31 日	23 时 35 分，正值跨年夜活动，因很多游客市民聚集在上海外滩迎接新年，上海市黄浦区外滩陈毅广场东南角通往黄浦江观景平台的人行通道阶梯处底部有人失衡跌倒，继而引发多人摔倒、叠压，致使拥挤踩踏事件发生，造成 36 人死亡，49 人受伤
2015 年 6 月 1 日	21 时 30 分，隶属于重庆东方轮船公司的东方之星客轮在从南京驶往重庆途中突遇罕见强对流天气，在长江中游湖北监利水域沉没，442 人遇难
2015 年 8 月 12 日	23 时 30 分左右，位于天津市滨海新区天津港的瑞海公司危险品仓库发生火灾爆炸事故，造成 165 人遇难，8 人失踪，798 人受伤，304 幢建筑物、12428 辆商品汽车、7533 个集装箱受损
2016 年 6 月 26 日	湖南省郴州市宜凤高速公路宜章段发生一起客车碰撞燃烧起火的特别重大道路交通事故，造成 35 人死亡，13 人受伤，直接经济损失 2290 余万元
2017 年 2 月 13 日	晚 9 时许，台湾一辆属于台北市蝶恋花旅行社的游览车在由宜兰县开往台北方向的路上转弯时翻车，造成 34 人遇难，10 人受伤

续表 1-1

时间	事故简介
2017 年 8 月 10 日	23 时 34 分，一辆客车自成都驶往洛阳，途经京昆高速公路安康段秦岭一号隧道南口时，撞向隧道口发生交通事故，造成 36 人死亡，13 人受伤
2018 年 7 月 25 日	17 点 45 分左右，两艘载有 127 名中国游客的船只在返回普吉岛途中突遇特大暴风雨，分别在珊瑚岛和梅通岛发生倾覆，造成 47 人遇难
2018 年 8 月 25 日	凌晨，哈尔滨市松北区北龙温泉酒店发生火灾，造成 20 人死亡，20 多人受伤
2019 年 3 月 10 日	上午，埃塞俄比亚航空公司一架载有 157 人的客机坠毁，无人生还，机上载有 8 名中国人
2019 年 3 月 21 日	下午，江苏省盐城市响水县天嘉宜化工有限公司发生爆炸事故，造成 78 人死亡
2019 年 3 月 22 日	19 时 15 分许，湖南常长高速西往东方向 119 km+655 m 处，一辆从河南郑州开出的柴油旅游大巴突然起火，造成 26 人死亡，28 人受伤

从这些典型的事故案例可以看出，重特大事故频发且事故后果及危害性越发严重已成为现代社会安全问题的一个显著特征。

基于以上分析并结合新形势下安全问题的特点，本书利用可变模糊集理论与模型，对系统安全中的评价、预测、决策以及系统可靠性评价等问题进行研究，这对于实现系统安全及保证安全生产具有重大理论意义和现实指导意义。

第二节 可变模糊集理论及应用研究现状

20 世纪 90 年代，大连理工大学陈守煜教授提出相对隶属度、相对隶属函数[98-100]，并以此为基础建立了工程模糊集理论[101]。21 世纪伊始，在工程模糊集理论基础上，创建了可变模糊集理论[6-7]，突破了扎德经典模糊集[102-104]静态概念与理论的局限[6-7, 104-105]，第一次用严密的数学定理表达了唯物辩证法三大规律之一的“质量互变规律”。可变模糊集理论[6-7]研究在一定时空条件组合下，系统中模糊事物、模糊现象、模糊概念的动态可变性，用科学的哲学与数学方法描述其可变性。可变模糊集理论以可变模糊聚类、模式识别、优选、评价统一理论与模型建立了其与实际应用的桥梁和纽带。

自 2005 年提出至今，在陈守煜教授及其科研团队的不懈努力下，可变模糊集理论已日臻成熟，形成了较为完整的理论方法体系，其应用研究也取得了丰硕成果，如表 1-2 所示。

表 1-2　　可变模糊集理论及应用与代表性文献

项目	代表性文献
可变模糊相关理论	陈守煜等(2005, 2007, 2008, 2009, 2010, 大连理工大学)[8-19]等
可变模糊聚类、分类	李丽等(2008, 合肥工业大学, 公路运输)[20]; 陈守煜等(2008, 大连理工大学, 水利工程)[21]; 徐冬梅等(2011, 大连理工大学, 水利工程)[22]; 张明媛等(2013, 大连理工大学, 市政工程)[23]; 等等
可变模糊模式识别	李亚伟等(2005, 大连理工大学, 水利工程)[24]; 陈守煜等(2006, 大连理工大学, 自动化技术、计算机技术)[25]; 刘玉珍等(2007, 大连理工大学, 工业经济)[26]; 韩晓军(2008, 大连理工大学, 水利工程)[27]; 郭瑜等(2008, 珠江水利科学研究院, 水利工程)[28]; 刘岩(2010, 大连交通大学, 安全科学)[29]; 盖美等(2011, 辽宁师范大学, 水利工程)[30]; 王琳等(2013, 山东大学, 工业经济)[31]; 卫仁娟等(2013, 四川大学, 水利工程)[32]; 陈燕飞等(2014, 长江大学、武汉大学, 环境工程)[33]; 汪天祥等(2015, 大连理工大学, 水利工程)[34]; 郭文召等(2015, 大连理工大学, 土木工程)[35]; 王泽宇等(2015, 辽宁师范大学, 海洋科学)[36]; Xu S G 等(2015, 大连理工大学, 水利工程)[37]; 柯丽娜等(2017, 辽宁师范大学, 海洋科学)[38]; Hao Z 等(2019, 大连理工大学, 农业工程)[39]; 等等
可变模糊优选决策	陈守煜等(2005, 2006, 2006, 2008, 大连理工大学, 水利工程)[40-43]; Wang X H 等(2007, 大连理工大学, 建筑科学)[44]; 冯庆高等(2010, 中国地质大学, 建筑科学)[45]; 黄振芳等(2010, 北京师范大学, 地球物理学)[46]; 吕素冰等(2011, 大连理工大学, 水利工程)[47]; 双晴等(2013, 大连理工大学, 汽车工程)[48]; 刘辰龙等(2014, 大连理工大学, 管理学)[49]; Liu D 等(2015, 东北农业大学, 水利工程)[50]; Chen L 等(2016, 香港大学, 建筑科学)[51]; 等等
可变模糊评价	陈守煜等(2005, 2006, 2006, 2007, 2008, 2009, 2009, 大连理工大学, 水利工程、建筑科学、农业经济、管理学等)[52-58]; 苏艳娜等(2007, 河北农业大学, 农业生态环境)[59]; 柴春岭(2008, 大连理工大学, 水利工程)[60]; 吴丽(2009, 大连理工大学, 水利工程)[61]; 李帅等(2009, 三峡大学, 水利工程)[62]; 姜云等(2009, 黑龙江科技学院, 建筑科学)[63]; 费良军等(2009, 西安理工大学, 农业经济)[64]; 安玉伟等(2009, 黑龙江科技学院, 建筑科学)[65]; 李清富等(2010, 郑州大学, 建筑科学)[66]; 徐冬梅等(2010, 华北水利水电学院, 水利工程)[67]; 练建军等(2010, 大连理工大学, 水利工程)[68]; 阎善郁等(2010, 大连交通大学, 安全科学)[69]; 李明等(2011, 西南交通大学, 公路运输)[70]; Zhang D 等(2011, 大连理工大学, 农业灾害)[71]; 马荣等(2012, 中国地质科学院, 水利工程)[72]; 袁永博等(2013, 大连理工大学, 农业灾害)[73]; Zou Q 等(2013, 中国科学技术大学, 水利工程)[74]; Guo E L 等(2014, 内蒙古师范大学, 水利工程)[75]; Xu S G 等(2014, 大连理工大学, 水利工程)[76]; 张智等(2014, 重庆大学, 水利工程)[77]; 孙鹏等(2014, 安徽师范大学, 农业灾害)[78]; 邹强等(2014, 华中科技大学, 灾害及其防治、水利工程)[79]; 陆志强等(2015, 集美大学, 海洋科学)[80]; 闵桂龙

续表 1-2

项目	代表性文献
可变模糊评价	等(2016，吉林大学，安全科学)[81]；薛希龙等(2016，中南大学，矿业工程)[82]；叶菁等(2016，中国地质大学(武汉)，市政工程)[83]；Yan F 等(2016，河海大学，水利工程)[84]；王心义等(2017，河南理工大学，矿业工程)[85]；刘晓然等(2018，北京建筑大学，灾害及其防治)[86]；姜秋香等(2018，东北农业大学，水土资源)[87]；高玉琴等(2018，河海大学，水质评价)[88]；李宗坤等(2019，郑州大学，水利工程)[89]；Jia J X 等(2019，河南理工大学，水利工程)[90]；等等
预测、预报	陈守煜(2005，2005，大连理工大学，电工技术、矿业工程)[91-92]；李敏等(2008，2010，大连理工大学，水利工程)[93-94]；Fan K K 等(2015，云林科技大学，心理学)[95]；等等
其他	李敏等(2010，大连理工大学，水利工程)[96]；Fang Y H 等(2019，中国海洋大学，水利工程)[97]；等等

由表 1-2 可知，目前可变模糊集理论及其应用研究成果基本集中在国内期刊文献及国内学者中。为进一步厘清可变模糊集理论及其应用研究热点和趋势，利用 BICOMB 系统及 SPSS 统计工具，对我国可变模糊集理论研究热点绘制知识图谱并加以描述。

截至 2019 年 5 月 10 日，在中国知网中以主题“可变模糊”并限定来源类别为“核心期刊”进行精确检索，得到 329 篇相关文献。对 329 篇文献进行审核，剔除书评等与研究热点无关的文献 2 篇，最终得到有效文献 327 篇。对 327 篇文献中涉及的 1449 个关键词做标准化处理，如将可变模糊、模糊可变、可变模糊集、可变模糊集理论、可变模糊理论、模糊可变集、模糊可变集合、工程可变模糊集合并为可变模糊集等，最终得到标准化后的关键词 1445 个。

采用我国学者崔雷教授及其团队研发的 BICOMB 共词分析软件系统、统计分析软件 SPSS19.0 作为研究工具和手段。

首先，进行关键词词频统计及分析。由 BICOMB 软件的统计功能，得到总关键词 1445 个，根据研究需要，抽取前 32 个关键词作为高频关键词，并按频次由大到小排列，如表 1-3 所示。

表 1-3　　前 32 个关键词排序

序号	关键词	频次	序号	关键词	频次
1	可变模糊集	145	4	集对分析	24
2	可变模糊评价模型与方法	52	5	评价	18
3	可变模糊识别模型	32	6	层次分析法	17

续表 1-3

序号	关键词	频次	序号	关键词	频次
7	指标体系	17	20	综合评价	10
8	相对隶属度	17	21	水资源承载力	9
9	熵权法	16	22	模糊控制	9
10	可变模糊聚类模型	16	23	组合权重	8
11	级别特征值	13	24	对立统一定理	7
12	可变模糊优选模型	12	25	二元比较法	7
13	可变集	12	26	安全评价	7
14	水资源	12	27	仿真	6
15	相对差异函数	11	28	可变模糊方法	6
16	水质评价	11	29	信息熵	6
17	可变模糊模型	10	30	协调发展	5
18	风险评价	10	31	安全工程	5
19	指标权重	10	32	模型	5

由表 1-3 可知，关键词频次不小于 10 的由大到小依次为可变模糊集、可变模糊评价模型与方法、可变模糊识别模型、集对分析、评价、层次分析法、指标体系、相对隶属度、熵权法、可变模糊聚类模型、级别特征值、可变模糊优选模型、可变集、水资源、相对差异函数、水质评价、可变模糊模型、风险评价、指标权重、综合评价，这初步表明我国目前在可变模糊集理论及应用方面的研究领域主要集中在可变模糊评价、可变模糊识别、可变模糊聚类、可变模糊优选决策等方面，且应用领域以水资源相关研究为主。

然后，建立高频关键词词篇矩阵，进而得到关键词相异系数矩阵。利用 BICOMB 软件的共词分析功能，结合 32 个高频关键词，生成词篇矩阵，并将词篇矩阵导入 SPSS19.0 中，选取 Ochiai 系数将其转化为 32×32 的共词相似矩阵，进而得到相异矩阵（相异矩阵 = 1 - 相似矩阵），如表 1-4 所示。相异矩阵中，数值代表高频关键词间的相异性，其值越大，关键词间的相似度越小、相异度越大；其值越小，关键词间的相似度越大、相异度越小。

表 1-4　　高频关键词 Ochiai 系数相异矩阵（部分）

	可变模糊集	可变模糊评价模型与方法	可变模糊识别模型	集对分析	评价	层次分析法	指标体系
可变模糊集	0.000	0.953	0.941	0.711	0.804	0.778	0.875
可变模糊评价模型与方法	0.953	0.000	1.000	0.943	0.934	0.864	0.790

续表 1-4

	可变模糊集	可变模糊评价模型与方法	可变模糊识别模型	集对分析	评价	层次分析法	指标体系
可变模糊识别模型	0.941	1.000	0.000	0.964	0.917	1.000	0.912
集对分析	0.711	0.943	0.964	0.000	1.000	0.951	0.949
评价	0.804	0.934	0.917	1.000	0.000	1.000	1.000
层次分析法	0.778	0.864	1.000	0.951	1.000	0.000	0.818
指标体系	0.875	0.790	0.912	0.949	1.000	0.818	0.000

由表 1-4 可知，可变模糊集与集对分析(0.711)相异度最小、相似度最大；可变模糊评价模型与方法和指标体系(0.790)相异度最小、相似度最大；可变模糊识别模型与指标体系(0.912)相异度最小、相似度最大；评价与可变模糊集(0.804)相异度最小、相似度最大；层次分析法与可变模糊集(0.778)相异度最小、相似度最大。这表明基于可变模糊集的综合评价是目前的关切所在。

其次，对关键词进行聚类分析。为进一步展现各高频关键词间的亲疏关系，将 BICOMB 软件系统所生成的词篇矩阵导入 SPSS19.0 中，对其进行系统聚类分析，得到各高频关键词聚类树图，如图 1-1 所示。

由图 1-1 中的聚类分析结果，依据“群数不要太多，群内样本不要太少”的聚类分析原则，将可变模糊集研究划分为三大类。分类 1 为可变模糊控制与仿真研究，包括模糊控制和仿真 2 个关键词。分类 2 为可变模糊聚类、优选及识别模型，具体又分为 2 个小类：第一小类为可变模糊聚类、优选模型；第二小类为可变模糊识别模型及其应用。分类 3 为可变模糊评价模型与方法及其应用，具体又分为 5 个小类：第一小类为基于可变模糊方法的水资源承载力评价研究，包括水资源承载力、可变模糊方法、熵权法 3 个关键词；第二小类为基于可变模糊集的系统安全评价研究，包括相对隶属度、级别特征值、安全评价、相对差异函数、指标权重、二元比较法、评价 7 个关键词；第三小类为可变模糊集与集对分析耦合方法及其应用研究，包括组合权重、信息熵、可变集、对立统一定理、可变模糊集、集对分析、风险评价 7 个关键词；第四小类为可变模糊评价模型与方法及其在水资源评价中的应用研究，包括可变模糊评价模型与方法、指标体系、水资源 3 个关键词；第五小类为基于可变模糊模型的水质安全评价研究，包括水质评价、可变模糊模型、层次分析法、安全工程、综合评价 5 个关键词。

最后，根据相异矩阵进行关键词多维尺度分析，确定可变模糊集理论研究热点知识图谱。将相异矩阵导入 SPSS19.0 中，对其进行多维尺度分析(ALSCAL)，得到高频关键词的多维尺度图谱。进而根据高频关键词聚类树图和多维尺度图谱，绘制可变模糊集理论研究热点知识图谱，如图 1-2 所示。

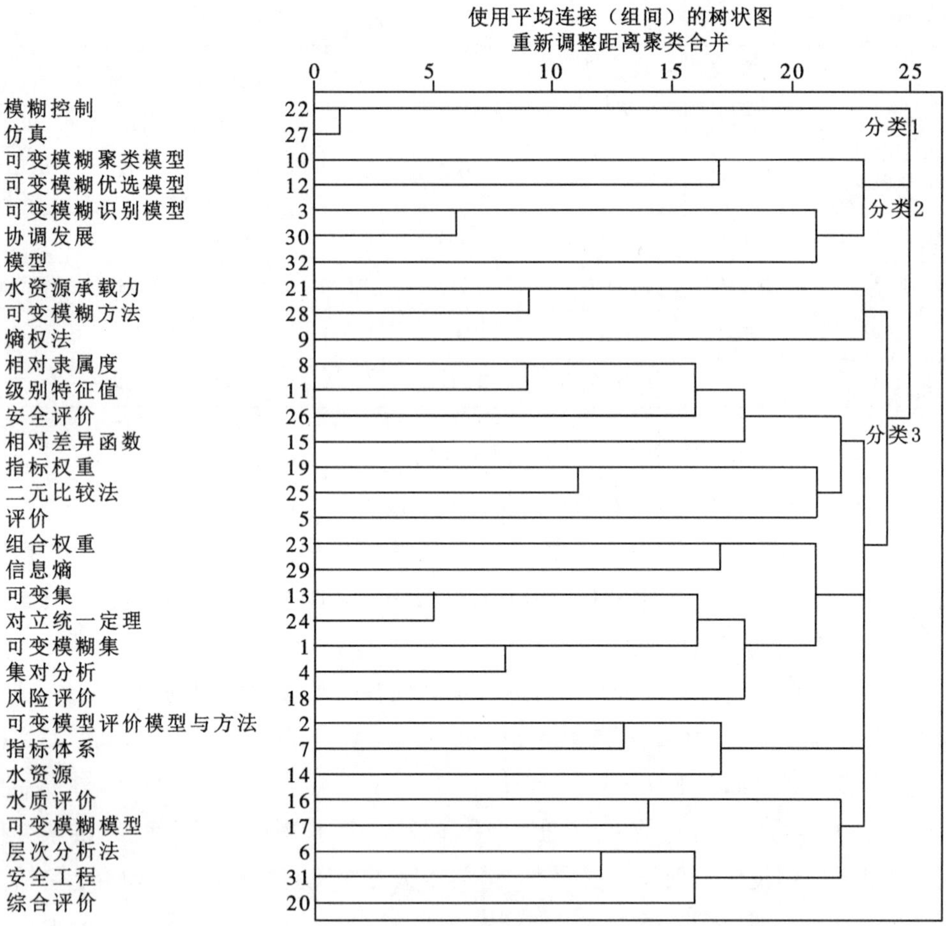

图 1-1　聚类树图

由图 1-2 可知，我国可变模糊集理论的研究可从 2 个维数 3 个热点领域分类展开：维数 1 为可变模糊聚类、模式识别、优选、评价的统一理论与模型研究（左右分，左边部分属于可变模糊识别、聚类、优选模型与方法研究，右边部分为可变模糊评价模型与方法研究），维数 2 为可变模糊集理论及其应用领域研究（上下分，上边部分为可变模糊集理论在水资源领域中的应用研究，下边部分为可变模糊集理论在安全风险领域中的应用研究）；3 个热点领域分别为可变模糊评价模型与方法研究，可变模糊聚类、识别、优选模型研究，可变模糊集理论在水资源领域的研究，且对于可变模糊评价模型与方法的研究最多。根据多维尺度坐标轴划分及各象限描述情况，热点领域 1 主要处于第一、四象限，说明可变模糊评价模型与方法处于整个研究网络的中央，而可变模糊集在安全评价领域的应用则处于研究的边缘地位，重要性相对较小，且研究结构较为松散，研究尚不成熟；热点领域 2 处于第三象限，说明对可变模糊聚类、识别及优选模型的研究结构清晰，且比较正规和成熟，大连理工大学、辽宁师范大学、华北水利水电大学、东北大学、山东大学、武汉大学等正在对此领域展开研究；热点领域 3 主要处于第二象限，说明该

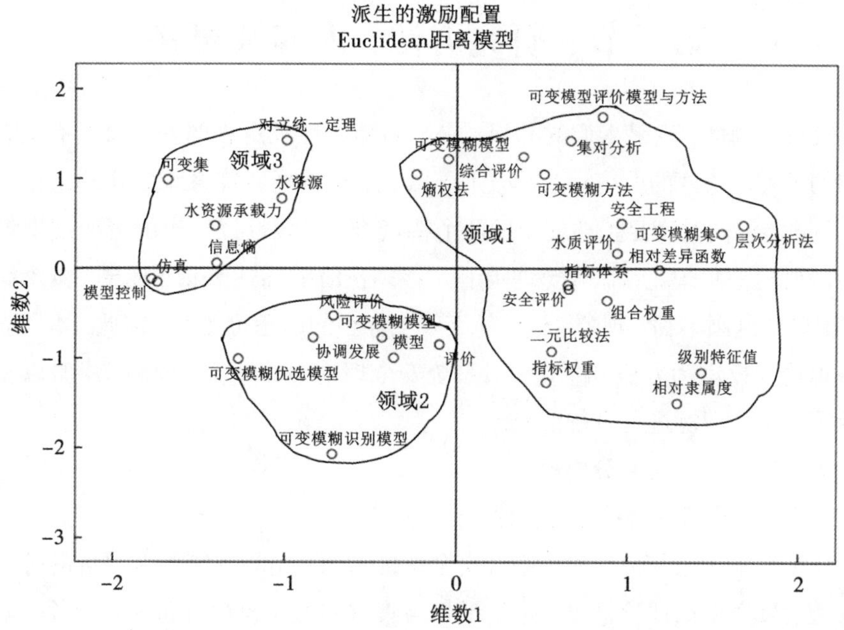

图 1-2　国内可变模糊数学研究热点知识图谱

研究主题间的结构松散且有进一步发展的空间，尤其是可变集的研究对于可变模糊集理论的深入拓展意义重大。

综上，目前可变模糊集理论及其应用研究现状可归纳为如下几点。

①可变模糊集理论作为一种新的理论方法体系，克服了经典模糊集理论存在的缺陷与不足，验证了层次分析法、物元可拓方法及集对分析方法存在的不足之处，但必须认识到该理论还处于不断发展和完善的阶段，仍有许多有待改进和进一步研究的问题，如模型可变参数的取值范围选取问题、模型的权重问题，相对隶属度函数的构造问题，等等。

②可变模糊集理论是研究以模糊性、动态性、不确定性为特征的复杂系统的有力工具，该理论已在水利工程、建筑科学等领域得到了成功应用和推广，且收到了良好的效果，已被证明是一种科学可靠的理论方法体系。通过刊载文献分析结果不难看出，无论是研究机构还是研究领域，与传统的理论方法相比，都相对较少，尤其在安全科学领域的应用更少。因此，有待广大学者进行研究和推广。

③一种理论与方法体系在其发展过程中与其他理论与方法体系的融合是当今科学发展的大趋势。可变模糊集理论与方法同其他理论与方法融合研究的报道很少，有待进一步深入研究和探讨。

第三节 研究方法、内容及思路

安全具有模糊性，这是人们的共识。安全的相对性观点表明安全又具有动态性，它将随时间的推移、条件的改变而发生变化。因此，在选择研究系统安全理论相关问题的方法时，必须能够同时满足上述安全的两个特点。陈守煜教授提出的可变模糊集理论突破了扎德经典模糊集理论静态概念的局限，该理论既能描述事物、现象、概念等的模糊性，又能很好地刻画事物、现象、概念等客观上存在的动态可变性。因此，本书尝试以可变模糊集理论与模型为方法和手段，对系统安全理论中的评价、预测、决策以及系统可靠性评价等一系列问题进行系统研究。

本书主要研究以下几部分内容。

(1)基于可变模糊集的系统安全评价研究

将可变模糊集理论与模型引入系统安全评价领域，建立系统安全评价的可变模糊模式识别模型、可变模糊评价模型、基于可拓与集对的可变模糊评价模型、考虑后悔行为的变权可变模糊评价模型以及多层次可变模糊评价模型，并给出相应评价方法的计算过程。以往的可变模糊评价均以各模型计算所得级别特征值的均值作为最终评价依据，缺乏客观性。为此，本部分基于组合评价的思想，对现有的可变模糊评价方法进行改进研究。

(2)基于可变模糊集的系统安全预测研究

将可变模糊集理论与模型引入系统安全预测领域，建立系统安全预测的可变模糊组合预测模型，提出可变模糊组合区间预测新方法。探讨模型中参数的可变性问题，基于权重参数的可变性特点，分别利用4组权重对预测结果的稳定性和可靠性进行实例验证研究。

(3)基于可变模糊集的系统安全决策研究

分析现有的决策优选方法存在的问题，将可变模糊集理论与模型引入系统安全决策领域，建立系统安全决策的可变模糊优选模型，提出系统安全决策的可变模糊优选方法。针对可变模糊优选决策方法未考虑决策者行为和采用常权方法的不足，提出考虑决策者心理行为的变权可变模糊决策方法和基于后悔行为的变权可变模糊决策方法。针对二元比较模糊决策分析法确定权重存在的主观性，利用灰色关联分析理论对其进行改进研究，以达到削弱主观性、增强客观性的目的。

(4)基于可变模糊集的系统可靠性评价研究

将可变模糊集理论与模型引入系统可靠性评价领域，建立系统可靠性综合评价的可变模糊模型，给出可变模糊评价方法的计算过程，并对模型中可变优化准则参数 α 和权重参数进行可变性研究。

具体研究思路框架如图 1–3 所示。

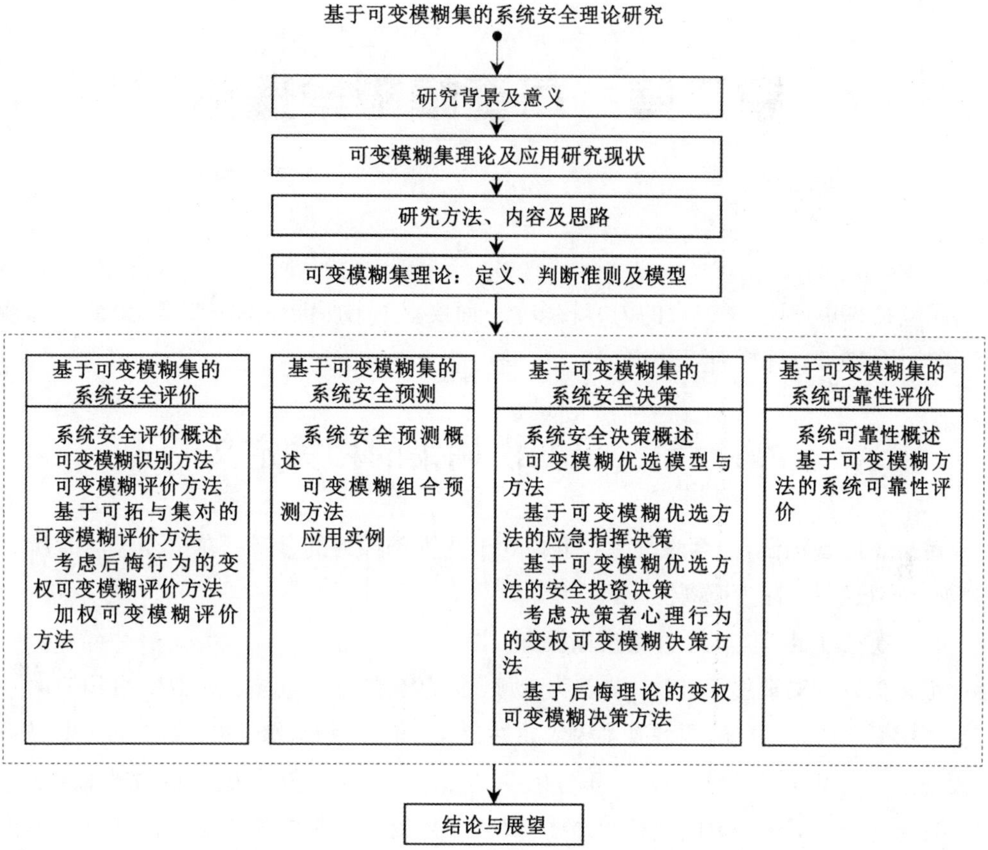

图 1–3　本书的研究思路框架

第二章 可变模糊集理论

可变模糊集理论[6-7]包含的内容较多，下面仅就本书所涉及的一些概念、定义和模型等(陈守煜，2009)进行简要介绍。

第一节 可变模糊集的相关定义

定义 2.1(模糊性) 客观现象、事物处于共维条件下的差异，在中介过渡时所呈现的“亦此亦彼”性，称为模糊性。

符合模糊性定义的概念称为模糊概念。

定义 2.2(相对隶属函数) 设 U 为论域，u 为 U 的任意元素，$u \in U$，事物 u 的一对对立模糊概念或 u 对立的两种基本模糊属性为 $\underset{\sim}{A}$，$\underset{\sim}{A}^c$。分别赋给 $\underset{\sim}{A}$，$\underset{\sim}{A}^c$处于共维差异中介过渡的两个端点(称为极点)以 1，0 与 0，1 的区间数。在 1，0 到 0，1 的数轴上构成一对[1，0]与[0，1]闭区间数的连续统。对于 U 中的元素 u，都在该连续统的任一点上指定了一对数 $\mu_{\underset{\sim}{A}}(u)$，$\mu_{\underset{\sim}{A}^c}(u)$，称为 u 对 $\underset{\sim}{A}$，$\underset{\sim}{A}^c$的相对隶属度。映射

$$\mu_{\underset{\sim}{A}}, \mu_{\underset{\sim}{A}^c}: U \to [0, 1]$$
$$u \mapsto \mu_{\underset{\sim}{A}}(u), \mu_{\underset{\sim}{A}^c}(u) \in [0, 1] \tag{2.1}$$

称为 $\underset{\sim}{A}$，$\underset{\sim}{A}^c$的相对隶属函数。

可用数的连续统表示映射式(2.1)的动态变化情况，如图 2-1 所示。它形象地表示了可变模糊集论域 U 中的任一元素 u，对对立模糊概念或对立的两种基本模糊属性 $\underset{\sim}{A}$，$\underset{\sim}{A}^c$相对隶属函数 $\mu_{\underset{\sim}{A}}(u)$，$\mu_{\underset{\sim}{A}^c}(u)$的变化过程。

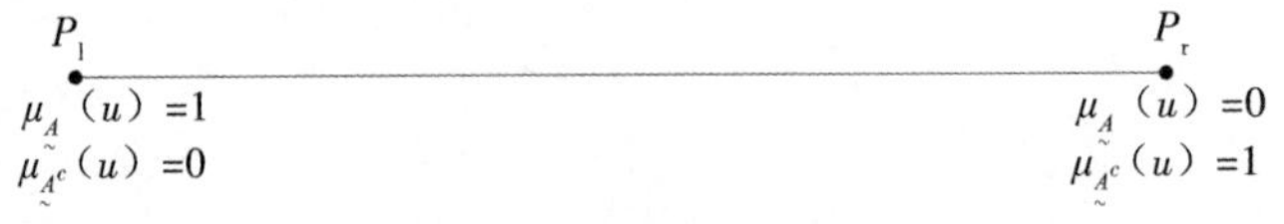

图 2-1 动态变化示意图

为研究可变模糊集的动态可变性，陈守煜教授运用自然辩证法关于运动的矛盾性原理，提出描述事物质变界的概念为：事物 u 具有对对立模糊概念或对立的两种基本模糊

属性 $\underset{\sim}{A}$, $\underset{\sim}{A}^c$ 的相对隶属度 $\mu_{\underset{\sim}{A}}(u)$, $\mu_{\underset{\sim}{A}^c}(u)$ 达到动态平衡，即 $\mu_{\underset{\sim}{A}}(u)=\mu_{\underset{\sim}{A}^c}(u)$。当 $\mu_{\underset{\sim}{A}}(u)>\mu_{\underset{\sim}{A}^c}(u)$ 时，事物 u 以属性 $\underset{\sim}{A}$ 为主要特性，$\underset{\sim}{A}^c$ 为次要特性；当 $\mu_{\underset{\sim}{A}}(u)<\mu_{\underset{\sim}{A}^c}(u)$ 时，则相反。当事物 u 从 $\mu_{\underset{\sim}{A}}(u)>\mu_{\underset{\sim}{A}^c}(u)$ 转化为 $\mu_{\underset{\sim}{A}}(u)<\mu_{\underset{\sim}{A}^c}(u)$，或相反转化，即事物 u 发生渐变式质变时，必须通过渐变式质变界 $\mu_{\underset{\sim}{A}}(u)=\mu_{\underset{\sim}{A}^c}(u)$。这一渐变式质变界的概念，可用如下数学定义表达。

定义 2.3（对立模糊集） 设论域 U 中的任意元素 u 的对立模糊概念（事物、现象）或 u 对立的两种基本模糊属性以 $\underset{\sim}{A}$, $\underset{\sim}{A}^c$ 表示。在连续统区间 $[1, 0]$（对 $\underset{\sim}{A}$）与 $[0, 1]$（对 $\underset{\sim}{A}^c$）的任一点上，对立两种模糊属性的相对隶属度分别为 $\mu_{\underset{\sim}{A}}(u)$, $\mu_{\underset{\sim}{A}^c}(u)$，且 $\mu_{\underset{\sim}{A}}(u)+\mu_{\underset{\sim}{A}^c}(u)=1$, $0\leqslant\mu_{\underset{\sim}{A}}(u)\leqslant1$, $0\leqslant\mu_{\underset{\sim}{A}^c}(u)\leqslant1$。令

$$\underset{\approx}{A}=\{u, \mu_{\underset{\sim}{A}}(u), \mu_{\underset{\sim}{A}^c}(u) \mid u\in U\} \tag{2.2}$$

$\underset{\approx}{A}$ 称为 u 的对立模糊集。左极点 P_1: $\mu_{\underset{\sim}{A}}(u)=1$, $\mu_{\underset{\sim}{A}^c}(u)=0$；右极点 P_r: $\mu_{\underset{\sim}{A}}(u)=0$, $\mu_{\underset{\sim}{A}^c}(u)=1$。如图 2-2 所示。$P_m$ 为连续统区间 $[1, 0]$（对 $\mu_{\underset{\sim}{A}}(u)$）、$[0, 1]$（对 $\mu_{\underset{\sim}{A}^c}(u)$）的渐变式质变点，即 $\mu_{\underset{\sim}{A}}(u)=\mu_{\underset{\sim}{A}^c}(u)=0.5$。

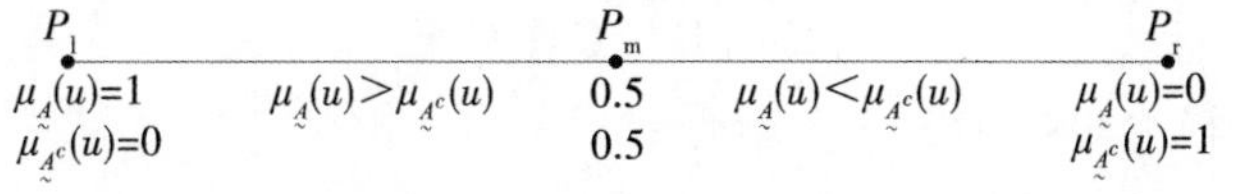

图 2-2　对立模糊集 $\underset{\approx}{A}$ 示意图

定义 2.4（相对差异函数） 设

$$D(u)=\mu_{\underset{\sim}{A}}(u)-\mu_{\underset{\sim}{A}^c}(u) \tag{2.3}$$

当 $\mu_{\underset{\sim}{A}}(u)>\mu_{\underset{\sim}{A}^c}(u)$ 时，$0\leqslant D(u)\leqslant1$；当 $\mu_{\underset{\sim}{A}}(u)=\mu_{\underset{\sim}{A}^c}(u)$ 时，$D(u)=0$；当 $\mu_{\underset{\sim}{A}}(u)<\mu_{\underset{\sim}{A}^c}(u)$ 时，$-1\leqslant D(u)\leqslant0$。$D(u)$ 称为 u 对 $\underset{\approx}{A}$ 的相对差异度。映射

$$D: U\rightarrow[-1, 1]$$

$$u\mapsto D(u)\in[-1, 1] \tag{2.4}$$

称为 u 对 $\underset{\approx}{A}$ 的相对差异函数。如图 2-3 所示。

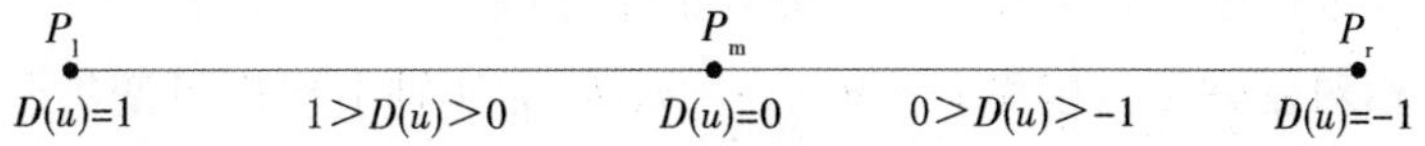

图 2-3　相对差异函数示意图

相对差异函数表示了连续统数轴上任意一点 $\mu_{\underset{\sim}{A}}(u)$ 与 $\mu_{\underset{\sim}{A}^c}(u)$ 的相对差值，即对立模糊概念或对立两种基本模糊属性程度的差异。$D(u)=0$ 的 P_m 点表示了对立双方或对立两种基本模糊属性达到动态平衡，即渐变式质变界；$D(u)=1$, -1 的 P_1, P_r 点表示了对立双方达到突变式质变点。因此，相对差异函数完整形象地表达了唯物辩证法关于质变的两种形式：渐变与突变。

根据$\mu_{\underset{\sim}{A}}(u)+\mu_{\underset{\sim}{A}^c}(u)=1$和式(2.3)有

$$D(u)=2\mu_{\underset{\sim}{A}}(u)-1 \tag{2.5}$$

或

$$\mu_{\underset{\sim}{A}}(u)=(1+D(u))/2 \tag{2.6}$$

定义 2.5(可变模糊集合) 令

$$\underset{\sim}{V}=\{(u,\ D)\mid u\in U,\ D(u)=\mu_{\underset{\sim}{A}}(u)-\mu_{\underset{\sim}{A}^c}(u),\ D\in[-1,\ 1]\} \tag{2.7}$$

$$A_{+}=\{u\mid u\in U,\ 0<D(u)\leqslant 1\} \tag{2.8}$$

$$A_{-}=\{u\mid u\in U,\ -1\leqslant D(u)<0\} \tag{2.9}$$

$$A_{0}=\{u\mid u\in U,\ D(u)=0\} \tag{2.10}$$

$$A_{*}=\{u\mid u\in U,\ D(u)=1,\ -1\} \tag{2.11}$$

式中，$\underset{\sim}{V}$——模糊可变集合；

A_{+}、A_{-}、A_{0}、A_{*}——模糊可变集合$\underset{\sim}{V}$的吸引为主域、排斥为主域、渐变式质变界和突变式质变界。

定义 2.6 设C是可变模糊集$\underset{\sim}{V}$的可变因子集

$$C=\{C_A,\ C_B,\ C_C\} \tag{2.12}$$

式中，C_A——可变模型集；

C_B——可变模型参数集；

C_C——除模型及其参数之外的可变其他因子集。

令

$$A^{-}=C(A_{+})=\{u\mid u\in U,\ 0<D(u)\leqslant 1,\ -1<D(C(u))\leqslant 0\} \tag{2.13}$$

$$A^{+}=C(A_{-})=\{u\mid u\in U,\ -1\leqslant D(u)<0,\ 0<D(C(u))\leqslant 1\} \tag{2.14}$$

统一称为模糊可变集合$\underset{\sim}{V}$关于可变因子集C的可变域。式中，$D(C(u))$为对u作C变换后的相对差异函数。令

$$A^{(+)}=C(A_{(+)})=\{u\mid u\in U,\ 0<D(u)\leqslant 1,\ 0<D(C(u))\leqslant 1\} \tag{2.15}$$

$$A^{(-)}=C(A_{(-)})=\{u\mid u\in U,\ -1\leqslant D(u)<0,\ -1\leqslant D(C(u))<0\} \tag{2.16}$$

统一称为模糊可变集合$\underset{\sim}{V}$关于可变因子集C的量变域。

定义 2.7(相对差异函数模型) 设$X_0=[a,\ b]$为实轴上模糊可变集合$\underset{\sim}{V}$的吸引(为主)域，即$0<D(u)\leqslant 1$区间，$X=[c,\ d]$为包含$X_0(X_0\subset X)$的某一上、下界范围域区间。如图 2-4 所示。

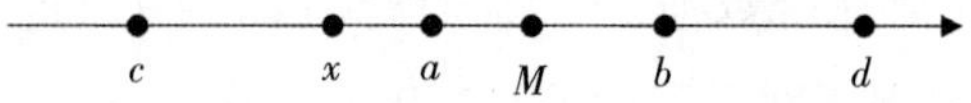

图 2-4 点x、M与区间X_0、X的位置关系

根据模糊可变集合$\underset{\sim}{V}$的定义可知$[c,\ a]$与$[b,\ d]$均为$\underset{\sim}{V}$的排斥域，即$-1\leqslant D(u)<0$区间。设M为吸引(为主)域区间$[a,\ b]$中$D(u)=1$的点值，按物理分析确定，M不一定

是区间[a, b]的中点值。x 为 X 区间内的任一点的量值，则 x 落入 M 点左侧时的相对差异函数模型可为

$$\begin{cases} D(u)=\left(\dfrac{x-a}{M-a}\right)^{\beta}, & x\in[a, M] \\ D(u)=-\left(\dfrac{x-a}{c-a}\right)^{\beta}, & x\in[c, a] \end{cases} \tag{2.17}$$

x 落入 M 点右侧时，其相对差异函数模型为

$$\begin{cases} D(u)=\left(\dfrac{x-b}{M-b}\right)^{\beta}, & x\in[M, b] \\ D(u)=-\left(\dfrac{x-b}{d-b}\right)^{\beta}, & x\in[b, d] \end{cases} \tag{2.18}$$

式(2.17)、(2.18)中 β 为非负指数，通常可取 $\beta=1$，即相对差异函数模型为线性函数。式(2.17)与式(2.18)满足：当 $x=a$，$x=b$ 时，$D(u)=0$；当 $x=M$ 时，$D(u)=1$；当 $x=c$，$x=d$ 时，$D(u)=-1$。符合相对差异函数的定义。$D(u)$确定后，根据式(2.6)可求解相对隶属度 $\mu_{\underset{\sim}{A}}(u)$。

第二节　可变模糊集理论的判断准则——级别特征值

最大隶属原则是经典模糊集中的重要判断、预测与决策准则，被广泛地应用于模糊模式识别、模糊综合评判、模糊决策等许多方面，并且被推广到其他系统领域。大量研究表明(陈守煜，2009)：在模糊概念分级条件下，用最大隶属原则对级别归属进行识别是一种错误，会导致错误的判断、识别、预测的结果。

为克服模糊概念分级条件下最大隶属原则的不适用性，陈守煜教授提出了级别(或类别)特征值的概念与公式，作为可变模糊集理论判断、识别、决策、预测的准则。

设左极点级别为序数 1，自左向右的中介级别点依次为 2，3，…，直至右极点，级别以 c 表示。1，2，…，c 称为级别点，以级别变量 h 表示，$h=1, 2, \cdots, c$。若已知 u_0 对级别 1，2，…，c 的相对隶属度为 $\mu_{\underset{\sim}{A}_1}(u_0)$，$\mu_{\underset{\sim}{A}_2}(u_0)$，…，$\mu_{\underset{\sim}{A}_c}(u_0)$，则级别变量 h 与相对隶属度 $\mu_{\underset{\sim}{A}_h}(u_0)$组成的序对称为级别变量相对隶属度分布列，如图 2-5 所示。

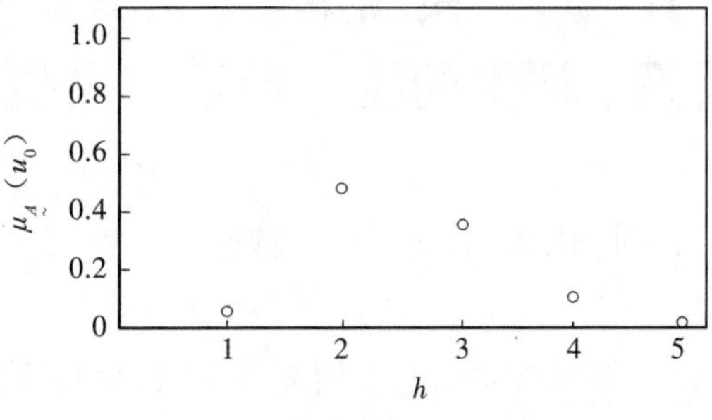

图 2-5　级别变量与相对隶属度分布图

要求满足归一化条件：

$$\sum_{h=1}^{c}\mu_{\underset{\sim}{A}_h}(u_0)=1 \tag{2.19}$$

设已知 u_0 对模糊概念 $\underset{\sim}{A}$ 的级别变量相对隶属度分布列 $h\sim\mu_{\underset{\sim}{A}_h}(u_0)$（$h=1$, 2, …, c），级别变量 h 以其相对隶属度 $\mu_{\underset{\sim}{A}_h}(u_0)$ 为权重，其总和

$$H(u_0)=\sum_{h=1}^{c}\mu_{\underset{\sim}{A}_h}(u_0)h \tag{2.20}$$

称为级别（或类别）变量的特征值，简称级别（或类别）特征值。

$H(u_0)$ 表达了 h 与 $\mu_{\underset{\sim}{A}_h}(u_0)$ 分布列的整体特性，因此 $H(u_0)$ 可作为 u_0 对模糊概念 $\underset{\sim}{A}$ 隶属级别的判断准则。它利用了级别变量 h 的全部相对隶属度信息，用以判断 u_0 隶属于何种级别，其判断结论符合实际情况。

可以给级别变量相对隶属度 $\mu_{\underset{\sim}{A}_h}(u_0)$ 的分布列一个“力学”解释：一个单位质量沿坐标轴 h 的分布，在 h 轴的坐标点 1, 2, …, c 上集中了相应的质量 $\mu_{\underset{\sim}{A}_1}(u_0)$, $\mu_{\underset{\sim}{A}_2}(u_0)$, …, $\mu_{\underset{\sim}{A}_c}(u_0)$，即级别变量相对隶属度 $\mu_{\underset{\sim}{A}_h}(u_0)$ 的分布列，相当于力学中具有单位质量的质点系统在坐标轴上的分布。

级别特征值 $H(u_0)$ 是一个描述级别的数，且 $1\leqslant H(u_0)\leqslant c$，通常不是一个整数。从几何学的角度来观察，在 $h\sim\mu_{\underset{\sim}{A}_h}(u_0)$ 坐标平面上，$H(u_0)$ 表示了级别变量 h 与其相对隶属度所形成的图形（图 2-5）的形心位置。

根据 $H(u_0)$ 可反馈得到相应的级别，据此可对 u_0 作出属于何种级别（或类别）的判断（或评定）。

为了更细致地应用级别（或类别）特征值进行判断或评定，给出判断准则公式：

$$\begin{cases}1.0\leqslant H\leqslant 1.5, & \text{归属于 1 级}\\ h-0.5<H\leqslant h, & \text{归属于 } h \text{ 级，偏}(h-1)\text{级}(h=2,3,\cdots,c-1)\\ h<H\leqslant h+0.5, & \text{归属于 } h \text{ 级，偏}(h+1)\text{级}(h=2,3,\cdots,c-1)\\ c-0.5<H\leqslant c, & \text{归属于 } c \text{ 级}\end{cases} \tag{2.21}$$

第三节　可变模糊聚类、模式识别、优选、评价的统一理论与模型

可变模糊聚类、模式识别、优选、评价的统一理论与模型，是可变模糊集理论通向实际应用的桥梁。

设有待聚类的 n 个样本组成的集合，可用 $m\times n$ 阶指标特征值矩阵对样本集进行聚类：

$$X=\begin{bmatrix} x_{11} & x_{12} & \cdots & x_{1n} \\ x_{21} & x_{22} & \cdots & x_{2n} \\ \vdots & \vdots & & \vdots \\ x_{m1} & x_{m2} & \cdots & x_{mn} \end{bmatrix}=(x_{ij}) \tag{2.22}$$

式中，x_{ij}——聚类样本 j 指标 i 的特征值，$i=1, 2, \cdots, m$；$j=1, 2, \cdots, n$。

矩阵 $\boldsymbol{X}$ 经规格化后变为指标特征值规格化矩阵

$$R=\begin{bmatrix} r_{11} & r_{12} & \cdots & r_{1n} \\ r_{21} & r_{22} & \cdots & r_{2n} \\ \vdots & \vdots & & \vdots \\ r_{m1} & r_{m2} & \cdots & r_{mn} \end{bmatrix}=(r_{ij}) \tag{2.23}$$

式中，r_{ij}——指标特征值规格化数。

当指标为效益型(正相关)指标，即指标值越大聚类类别排序越前时，其规格化公式为

$$r_{ij}=\frac{x_{ij}-\min\limits_{j} x_{ij}}{\max\limits_{j} x_{ij}-\min\limits_{j} x_{ij}} \tag{2.24}$$

式中，$\max\limits_{j} x_{ij}$，$\min\limits_{j} x_{ij}$——样本集指标 i 的最大、最小特征值。

当指标为成本型(负相关)指标，即指标值越小聚类类别排序越前时，其规格化公式为

$$r_{ij}=\frac{\max\limits_{j} x_{ij}-x_{ij}}{\max\limits_{j} x_{ij}-\min\limits_{j} x_{ij}} \tag{2.25}$$

设 n 个样本根据 m 个指标特征值规格化数按 c 个类别进行聚类，其模糊聚类矩阵为

$$\boldsymbol{U}=(u_{hj}) \tag{2.26}$$

式中，u_{hj}——样本 j 隶属于类别 h 的相对隶属度，$h=1, 2, \cdots, c$；$j=1, 2, \cdots, n$。满足条件：

$$\sum_{h=1}^{c} u_{hj}=1,\ 0 \leqslant u_{hj} \leqslant 1,\ \sum_{j=1}^{n} u_{hj}>0 \tag{2.27}$$

类别 h 的 m 个指标特征值规格化数表示了 h 的类的聚类特征，在模糊聚类中称为聚类中心，则 c 个类别的聚类特征可用 $m\times c$ 阶模糊聚类特征值矩阵(或称为模糊聚类中心矩阵)

$$\boldsymbol{S}=(s_{ih}) \qquad 0\leqslant s_{ih}\leqslant 1 \tag{2.28}$$

表示，s_{ih} 为类别 h 指标 i 的聚类特征规格化数，$i=1, 2, \cdots, m$；$h=1, 2, \cdots, c$。

不同指标对模糊聚类的权重不同，而权重是可变模糊聚类迭代模型中的一个重要可变参数。设指标权向量为

$$\boldsymbol{W}=(w_1, w_2, \cdots, w_m)=(w_i) \tag{2.29}$$

满足

$$\sum_{i=1}^{m} w_i = 1,\ 0 \leqslant w_i \leqslant 1 \tag{2.30}$$

则样本 j 与类别 h 之间的差异可用广义指标权距离公式(2.31)表示：

$$d_{hj} = \left[\sum_{i=1}^{m} w_i \left(r_{ij} - s_{ih} \right)^p \right]^{\frac{1}{p}} \tag{2.31}$$

为了求解样本 j 隶属于类别 h 的最优隶属度 u_{hj}^*、最优聚类特征 s_{ih}^* 及最优权向量 $\boldsymbol{W}^*$，引入以相对隶属度 u_{hj} 为权重的加权广义指标权距离：

$$D_{hj} = u_{hj} d_{hj} \tag{2.32}$$

建立目标函数

$$\min\left\{ F(u, s, w) = \sum_{j=1}^{n} \sum_{h=1}^{c} u_{hj}^2 \left[\sum_{i=1}^{m} \left(w_i \mid r_{ij} - s_{ih} \mid \right)^p \right]^{\frac{\alpha}{p}} \right\} \tag{2.33}$$

满足约束条件

$$\sum_{h=1}^{c} u_{hj} = 1,\ \forall j,\ 0 \leqslant u_{hj} \leqslant 1,\ \sum_{j=1}^{n} u_{hj} > 0 \tag{2.34}$$

$$\sum_{i=1}^{m} w_i = 1,\ 0 \leqslant w_i \leqslant 1 \tag{2.35}$$

式中，α——优化准则参数；

p——距离参数。

利用拉格朗日乘子法解得可变模糊聚类循环迭代模型为

$$u_{hj} = \left\{ \sum_{i=1}^{c} \left[\frac{\sum_{i=1}^{m} \left(w_i \mid r_{ij} - s_{ih} \mid \right)^p}{\sum_{i=1}^{m} \left(w_i \mid r_{ij} - s_{ik} \mid \right)^p} \right]^{\frac{\alpha}{p}} \right\}^{-1} \tag{2.36}$$

$$s_{ih} = \frac{\sum_{j=1}^{n} u_{hj}^{\alpha/(p-1)} r_{ij}}{\sum_{j=1}^{n} u_{hj}^{\alpha/(p-1)}},\ \frac{\alpha}{p} = 1 \tag{2.37}$$

$$w_i = \left\{ \sum_{k=1}^{m} \left[\frac{\sum_{j=1}^{n} \sum_{h=1}^{c} \left(u_{hj}^2 \mid r_{ij} - s_{ih} \mid \right)^p}{\sum_{j=1}^{n} \sum_{h=1}^{c} \left(u_{hj}^2 \mid r_{kj} - s_{kh} \mid \right)^p} \right]^{\frac{1}{p-1}} \right\}^{-1},\ \frac{\alpha}{p} = 1 \tag{2.38}$$

(1)当 $\boldsymbol{W} = (w_i)$ 为已知时，可变模糊聚类循环迭代模型(2.36)、(2.37)、(2.38)变为可变模糊聚类迭代模型(2.36)、(2.37)。模型(2.36)、(2.37)可用以迭代求解最优解模糊聚类矩阵(u_{hj}^*)与模糊特征值矩阵(s_{ih}^*)。其中，α，p 为可变参数，通常有两种变化：$\alpha=3$，$p=3$；$\alpha=2$，$p=2$。当指标为等权重即 $w_1 = w_2 = \cdots = w_m$ 时，取欧氏距离 $p=2$，模型(2.36)、(2.37)、(2.38)变为 Bezdek 参数 $\beta=2$ 的 ISODATA 模糊聚类迭代模型[1-2]。因

此，Bezdek ISODATA 模糊聚类迭代模型是可变模糊聚类循环迭代模型的特例，而可变模糊聚类迭代模型(2.36)、(2.37)则是经典 ISODATA 模糊聚类迭代模型的拓展。

(2)当 $\boldsymbol{S}=(s_{ih})$ 为已知时，可变模糊聚类循环迭代模型(2.36)、(2.37)、(2.38)变为可变模糊模式识别迭代模型(2.36)、(2.38)。由此可见，可变模糊模式识别迭代模型是可变模糊聚类循环迭代模型的特例。

设样本 j 的 m 个指标相对隶属度 r_{1j}，r_{2j}，…，r_{mj} 分别与矩阵 $\boldsymbol{S}$ 的 1，2，…，m 行的行向量逐个地进行比较，可得到样本 j 的级别下限值 a_j 与级别上限值 b_j。由于可变模糊模式识别迭代模型(2.36)、(2.38)满足约束条件 $\sum_{h=1}^{c} u_{hj}=1$，在 $a_j>1$、$b_j<c$ 的情况下，可变模糊模式识别模型(2.36) 同样满足 $\sum_{h=a_j}^{b_j} u_{hj}=1$，从而模型(2.36)变为

$$
u_{hj}=\begin{cases}\left\{\sum_{k=a_j}^{b_j}\left[\frac{\sum_{i=1}^{m}\left(w_i\left|r_{ij}-s_{ih}\right|\right)^p}{\sum_{i=1}^{m}\left(w_i\left|r_{ij}-s_{ik}\right|\right)^p}\right]^{\frac{\alpha}{p}}\right\}^{-1}, & a_j\leqslant h<b_j \\ 0, & 1\leqslant h<a_j \text{ 或 } c\geqslant h>b_j\end{cases} \tag{2.39}
$$

式(2.39)既满足 $\sum_{h=a_j}^{b_j} u_{hj}=1$，又满足 $\sum_{h=1}^{c} u_{hj}=1$，当识别指标不在 a_j，b_j 区间范围内时，符合样本 j 对范围外级别相对隶属度为0即 $u_{hj}=0$ 的物理含义。模型(2.38)、(2.39) 统称为可变模糊模式识别迭代模型。

当 $\boldsymbol{W}=(w_i)$ 为已知时，可变模糊模式识别迭代模型(2.38)、(2.39)变为可变模糊模式识别模型(2.39)。此时，由于没有了 $\frac{\alpha}{p}=1$ 条件的约束，因此，不仅指标权向量 (w_i) 可变，而且模型参数 α，p 也可变，突破了传统方法只用一种模型对命题进行识别或评价的做法，提高了对命题识别、评价的可靠性。在通常情况下，模型(2.39)中的参数 α，p 可以有四种组合：$\alpha=1$，$p=1$；$\alpha=1$，$p=2$；$\alpha=2$，$p=1$；$\alpha=2$，$p=2$。

一般地，对无论是效益型或是成本型指标，s_{ih} 均可用下面的公式计算：

$$
\boldsymbol{S}=\begin{pmatrix}1 & \frac{c-2}{c-1} & \frac{c-3}{c-1} & \cdots & 0\end{pmatrix}=(s_{ih}) \quad \forall i \tag{2.40}
$$

可变模糊模式识别模型(2.39)是可变模糊集理论中十分重要的变化模型，由于模糊概念 $\underset{\sim}{A}$ 的可变性，可应用于自然、工程、管理、人文、社会与经济等各种学科中的众多实际领域。

(3)当 $c=2$，$a_j=1$，$b_j=2$ 时，可变模糊模式识别模型(2.39)简化为 2 级识别模型：

$$
u_{hj}=\left\{\left[\frac{\sum_{i=1}^{m}\left(w_i\left|r_{ij}-s_{ih}\right|\right)^p}{\sum_{i=1}^{m}\left(w_i\left|r_{ij}-s_{i1}\right|\right)^p}\right]^{\frac{\alpha}{p}}+\left[\frac{\sum_{i=1}^{m}\left(w_i\left|r_{ij}-s_{ih}\right|\right)^p}{\sum_{i=1}^{m}\left(w_i\left|r_{ij}-s_{i2}\right|\right)^p}\right]^{\frac{\alpha}{p}}\right\}^{-1} \tag{2.41}
$$

由 $c=2$ 及式(2.40)知，$s_{i1}=1$，$s_{i2}=0$，当 $h=1$ 时，由式(2.41)得到样本 j 对 1 级(优级)的相对隶属度：

$$u_{1j}=\left\{1+\left[\frac{\sum_{i=1}^{m}\left(w_i\left|r_{ij}-1\right|\right)^p}{\sum_{i=1}^{m}(w_ir_{ij})^p}\right]^{\frac{\alpha}{p}}\right\}^{-1} \tag{2.42}$$

当 $h=2$ 时，得到样本 j 对 2 级(劣级)的相对隶属度：

$$u_{2j}=\left\{1+\left[\frac{\sum_{i=1}^{m}(w_ir_{ij})^p}{\sum_{i=1}^{m}\left(w_i\left|r_{ij}-1\right|\right)^p}\right]^{\frac{\alpha}{p}}\right\}^{-1} \tag{2.43}$$

式中，α，$p\in\{1,\ 2\}$，$\alpha=1$ 为最小一乘方准则；$\alpha=2$ 为最小二乘方准则，$p=1$ 为海明距离，$p=2$ 为欧氏距离。α，p 称为可变模糊模型参数，通常有 4 种组合。

①$\alpha=1$，$p=1$ 时，式(2.42)变为模糊综合评判模型(线性模型)：

$$u_j=\sum_{i=1}^{m}w_ir_{ij} \tag{2.44}$$

②$\alpha=1$，$p=2$ 时，式(2.42)变为 TOPSIS 理想点模型(非线性模型)：

$$u_j=\left\{1+\left[\frac{\sum_{i=1}^{m}w_i\left(r_{ij}-1\right)^2}{\sum_{i=1}^{m}(w_ir_{ij})^2}\right]^{\frac{1}{2}}\right\}^{-1} \tag{2.45}$$

③$\alpha=2$，$p=1$ 时，式(2.42)变为 Sigmoid 激励函数模型(非线性模型)：

$$u_j=\left[1+\left(\frac{1-\sum_{i=1}^{m}w_ir_{ij}}{\sum_{i=1}^{m}w_ir_{ij}}\right)^2\right]^{-1} \tag{2.46}$$

④$\alpha=2$，$p=2$ 时，式(2.42)变为经典模糊优选模型(非线性模型)

$$u_j=\left[1+\frac{\sum_{i=1}^{m}w_i\left(r_{ij}-1\right)^2}{\sum_{i=1}^{m}(w_ir_{ij})^2}\right]^{-1} \tag{2.47}$$

根据式(2.42)、(2.43)有

$$u_{1j}+u_{2j}=1 \tag{2.48}$$

式(2.42)、(2.43)满足可变模糊集的对立模糊集的定义，实际应用中只需求解对 1 级(优级)的相对隶属度即可。

可变模糊模式识别 2 级模型称为可变模糊优选模型。由于其计算的简捷性，在实际领域具有广泛的应用价值，尤其在工程优化、管理评价等领域。

(4)设已知待评价对象的 m 个指标特征值向量为

$$\boldsymbol{X}=(x_1, x_2, \cdots, x_m) \tag{2.49}$$

m 个指标 c 个级别的指标标准区间矩阵、可变范围评价区间矩阵分别为

$$\boldsymbol{I}_{ab}=\begin{bmatrix} [a_{11}, b_{11}] & [a_{12}, b_{12}] & \cdots & [a_{1c}, b_{1c}] \\ [a_{21}, b_{21}] & [a_{22}, b_{22}] & \cdots & [a_{2c}, b_{2c}] \\ \vdots & \vdots & & \vdots \\ [a_{m1}, b_{m1}] & [a_{m2}, b_{m2}] & \cdots & [a_{mc}, b_{mc}] \end{bmatrix}=([a_{ih}, b_{ih}]) \tag{2.50}$$

$$\boldsymbol{I}_{cd}=\begin{bmatrix} [c_{11}, d_{11}] & [c_{12}, d_{12}] & \cdots & [c_{1c}, d_{1c}] \\ [c_{21}, d_{21}] & [c_{22}, d_{22}] & \cdots & [c_{2c}, d_{2c}] \\ \vdots & \vdots & & \vdots \\ [c_{m1}, d_{m1}] & [c_{m2}, d_{m2}] & \cdots & [c_{mc}, d_{mc}] \end{bmatrix}=([c_{ih}, d_{ih}]) \tag{2.51}$$

式中，$i=1, 2, \cdots, m$；$h=1, 2, \cdots, c$。对于越大越优(递减)型指标，$a_{ih}>b_{ih}$，$c_{ih}>d_{ih}$；对于越小越优(递增)型指标，$a_{ih}<b_{ih}$，$c_{ih}<d_{ih}$。$\boldsymbol{I}_{cd}$由$\boldsymbol{I}_{ab}$具体确定。

设 M_{ih}为指标 i 在区间$[a_{ih}, b_{ih}]$内对 $\underset{\sim}{A}$ 的相对隶属度为 1 的点值。M_{ih}是一个重要参数，可根据待评价对象级别对优、劣模糊概念的物理分析确定。对优级即 $h=1$，$M_{i1}=a_{i1}$；对劣级即 $h=c$，$M_{ic}=b_{ic}$；对 c 为奇数的中介级(不优不劣级别)即 $h=l$，$M_{il}=\dfrac{a_{il}+b_{il}}{2}$。

对于 $c>3$ 的多级别综合评价问题，M_{ih}可根据级别 1 至 c，h 由优级逐渐变化为劣级，且经过中介级 l(c 为奇数)或中介点(c 为偶数)，即当 M_{ih}为线性变化时，M_{ih}的点值通用模型为

$$M_{ih}=\frac{c-h}{c-1}a_{ih}+\frac{h-1}{c-1}b_{ih} \tag{2.52}$$

式(2.52)满足上述三个边界条件：当 $h=1$ 时，$M_{i1}=a_{i1}$；当 $h=c$ 时，$M_{ic}=b_{ic}$；当 $h=l=\dfrac{c+1}{2}$时，$M_{il}=\dfrac{a_{il}+b_{il}}{2}$，且对递减型指标($a>b$ 越大越优)、递增型指标($a<b$ 越小越优)均可适用。

从而可得到级别 h 相对隶属度计算公式的统一模型为：

当 x_i 落在 M_{ih}左侧时

$$\begin{cases} \mu_{\underset{\sim}{A}}(x_i)_h=0.5\left[1+\left(\dfrac{x_i-a_{ih}}{M_{ih}-a_{ih}}\right)^{\beta}\right], & x_i\in[a_{ih}, M_{ih}] \\ \mu_{\underset{\sim}{A}}(x_i)_h=0.5\left[1-\left(\dfrac{x_i-a_{ih}}{c_{ih}-a_{ih}}\right)^{\beta}\right], & x_i\in[c_{ih}, a_{ih}] \end{cases} \tag{2.53}$$

当 x_i 落在 M_{ih}右侧时

$$\begin{cases}\mu_{\underset{\sim}{A}}(x_i)_h=0.5\left[1+\left(\dfrac{x_i-b_{ih}}{M_{ih}-b_{ih}}\right)^{\beta}\right], & x_i\in[M_{ih},\ b_{ih}]\\ \mu_{\underset{\sim}{A}}(x_i)_h=0.5\left[1-\left(\dfrac{x_i-b_{ih}}{d_{ih}-b_{ih}}\right)^{\beta}\right], & x_i\in[b_{ih},\ d_{ih}]\end{cases} \tag{2.54}$$

式中，β——非负指数，通常取$\beta=1$，即线性函数。

根据式(2.53)、(2.54)可以确定评价对象指标 i 的特征值 x_i 对各级别的相对隶属度矩阵为

$$\boldsymbol{U}^0=\begin{bmatrix}\mu_{\underset{\sim}{A}}(x_1)_1 & \mu_{\underset{\sim}{A}}(x_1)_2 & \cdots & \mu_{\underset{\sim}{A}}(x_1)_c\\ \mu_{\underset{\sim}{A}}(x_2)_2 & \mu_{\underset{\sim}{A}}(x_2)_2 & \cdots & \mu_{\underset{\sim}{A}}(x_2)_c\\ \vdots & \vdots & & \vdots\\ \mu_{\underset{\sim}{A}}(x_m)_1 & \mu_{\underset{\sim}{A}}(x_m)_2 & \cdots & \mu_{\underset{\sim}{A}}(x_m)_c\end{bmatrix}=(\mu_{\underset{\sim}{A}}(x_i)_h) \tag{2.55}$$

于是，由式(2.55)、模型(2.42)得到可变模糊综合评价模型为

$$u_h=\left(1+\left\{\frac{\sum_{i=1}^{m}[w_i(1-\mu_{\underset{\sim}{A}}(x_i)_h)]^p}{\sum_{i=1}^{m}(w_i\mu_{\underset{\sim}{A}}(x_i)_h)^p}\right\}^{\frac{\alpha}{p}}\right)^{-1} \tag{2.56}$$

可变模糊评价模型与方法可根据不同专业领域内多级别评价问题具有优级、中介级、劣级的特点，应用对立(优、劣)模糊概念，实现对待评价对象的综合评价。可变模糊评价模型与方法理论严谨，能够满足评价精度要求，且计算量相对较小，特别适合于评价指标标准为区间形式的评价问题。

第四节　本章小结

本章首先探讨了可变模糊集相关重要定义与概念。其次，针对经典模糊集最大隶属原则的不适应性，研究了级别特征值概念、计算公式及判断准则，并对级别特征值的几何意义和物理意义进行了分析，分析结果表明，级别特征值利用了全体相对隶属度信息，其判断结论更符合客观实际。最后，给出了可变模糊集理论与实际应用的纽带——可变模糊聚类、模式识别、优选、评价的统一理论与模型，并对各模型的关系进行了分析与探讨。可变模糊聚类、模式识别、模糊优选与综合评价的统一理论与模型具有重要的理论与实际意义，是可变模糊集理论的核心内容，可广泛应用于自然科学、工程科学、管理科学、经济、人文科学、社会科学与哲学等相关领域。

第三章　基于可变模糊集的系统安全评价

第一节　引　言

系统安全评价起源于20世纪30年代的保险业。20世纪60年代得到了较快的发展，首先应用于美国军事工业，随后被陆续推广到航空、航天、核工业、石油、化工等领域，从而进入了全面、系统地研究企业、装置和设施的安全评价原理和方法阶段。20世纪70年代，随着我国工业化进程的加快，系统安全工程被引入我国，安全评价的理论和实践逐步在我国得到应用和推广。

系统安全工程的发展和应用，为预测、预防事故的系统安全评价奠定了可靠的基础。安全评价作为安全管理的关键环节[106]，又促使许多国家的政府、研究部门等加强对安全评价的研究，开发出自己的评价方法。安全评价方法按照评价指标量化程度又可分为定性安全评价方法与定量安全评价方法。从本质上说[1-3]，安全评价是对系统的安全性给出定性语言描述，即回答系统的危险性是可接受的还是不可接受的，系统是安全的还是危险的。此处，“定性”“定量”是指在实施安全评价时是否要将安全性指标进行量化处理[1-3]。其中，定量安全评价方法是在安全性量化基础上进行的评价，能够客观、精确地描述系统的安全性，因此，在系统安全评价过程中得到了广泛应用和推广，已成为学术界研究的重点课题之一。

目前，较常用的定量安全评价方法包括：层次分析法(AHP法)[107-108]，基于经典模糊集理论的评价方法[109-110]，基于灰色系统理论的评价方法[111-112]，基于神经网络的评价方法[113-114]，基于未确知数学的评价方法[115-116]，基于集对分析理论的评价方法[117-119]，基于可拓学(物元分析)理论的评价方法[120-122]，等等。然而，上述方法或多或少都存在不足或缺陷：基本上是选用单个模型对样本进行评价，往往不能确保最后评价结果的准确性；有些方法只能将评价标准或参照标准处理成点的形式，而不能处理区间范围指标形式；AHP法存在概念性缺陷，即AHP将元素之间二元比较的属性一律归结为重要性的比较[7]，从而导致评价结果不合理；基于经典模糊集理论的评价方法用最大隶属原则进行评价，存在不适用性[7, 104-105]，将会导致评价结果的失真；基于神经网络的评价方法，其评价效果的好坏主要取决于样本的学习，若样本不准确，其评价效果可想而知，要获得可靠的具有代表性的样本，仍需采用其他方法进行评价[5]；基于未确知数学的评价方法，其评价结果受置信度的影响，即不同置信度有可能得到不同的评价结果，很难得到稳定可靠的评价结果；集对分析理论的中介不确定性概念是主观臆想的结果，存在不足[7]，从而不能保证评价结果的正确性；基于可拓学(物元分析)的评价方法，关联函数基本公式存在遗漏重要约束条件的不足[7]，导致评价结果失去科学性。而系统安全评价是关乎人身及财产安全、社会稳定和经济发展的头等大事，要求评价结果必须科学、合理且可靠。

为解决上述一系列问题，保证安全评价结果的科学性、可靠性，基于安全评价问题的特点和可变模糊评价理论与方法的优势所在，本章提出了基于可变模糊集理论的一系列安全评价方法，以期为进行事故预防和科学决策提供可靠的参考依据。

第二节　系统安全评价概述

一、危险源理论

危险源[1-3](hazard)，即可能导致人员伤害或财务损失事故的潜在的不安全因素。危险源理论主要包括两类危险源理论和三类危险源理论。

1. 两类危险源理论

1995 年，东北大学陈宝智教授根据危险源在事故发生、发展中的作用，将危险源划分为两大类[1-3]：第一类危险源和第二类危险源。

第一类危险源是指系统中存在的、可能发生意外释放的能量或危险物质。一般情况下，能量被解释为物体做功的本领，只有在做功的时候才能显现出来。因此，在实际工作中，将产生能量的能量源或拥有能量的能量载体视为第一类危险源来处理。常见危险源与对应事故类型如表 3-1 所示。

表 3-1　常见危险源与对应事故类型

危险源		事故类型
能量源	能量载体	
产生物体落下、抛出、破裂、分散的设备、场所、操作车辆，使车辆移动的牵引设备、坡道	落下、抛出、破裂、飞散的物体，运动的车辆	物体打击、车辆伤害
机械的驱动装置	机械的运动部分、人体	机械伤害
起重、提升机械	被吊起的重物	起重伤害
电源装置	带电体、高跨步电压区域	触电

续表 3-1

危险源		事故类型
能量源	能量载体	
热源设备、加强设备、炉、灶、发热体	高温物体、物质	灼烫
可燃物	火焰、烟气	火灾
高差大的场所，人员借以升降的设备、装置	人体	高处坠落
土石方工程的边坡、料堆、料仓、建筑物、构筑物	边坡土(岩)体、物料、建筑物、构筑物、载荷	塌方
矿山采掘空间的围岩体	顶板、两帮围岩	冒顶片帮
炸药		放炮、火药爆炸
可燃性气体、粉尘		瓦斯爆炸
锅炉	蒸汽	锅炉爆炸
压力容器	内容物	压力容器爆炸
江、河、湖、海、池塘、洪水、储水容器等	水	淹溺
产生、储存、聚积有毒有害物质的装置、容器、场所	有毒有害物质	中毒窒息

第二类危险源是指导致约束、限制能量措施失效或破坏的各种不安全因素。如果从系统安全的角度来看，一般将人、物、环境三个方面的问题视为第二类危险源来处理。

在事故的发生、发展过程中，两类危险源是相互依存的。第一类危险源在发生事故时释放出的能量是导致人员伤害或财产损失的能量主体，决定事故后果的严重程度；第二类危险源出现的难易决定事故的可能性的大小。两类危险源共同决定危险源的危险性。第二类危险源是围绕着第一类危险源随机出现的人、物、环境方面的问题，其辨识、评价和控制应该在第一类危险源辨识、评价、控制的基础上进行；而且与第一类危险源的辨识、控制和评价相比，第二类危险源的辨识、控制和评价更为困难。

2. 三类危险源理论

2001 年，西安科技大学田水承教授在两类危险源的基础上，挖掘两类危险源背后潜在的组织因素，提出了三类危险源理论[123]，并建立了基于三类危险源的事故防御失效机理模型。

第一类危险源是指能量载体或危险物质。

第二类危险源包括物的故障、物理性环境因素及个体人失误(侧重安全设施等物的故障、物理性环境因素)。

第三类危险源是指不符合安全的组织因素，如组织程序、组织文化、规则、制度等，它不同于个体人。

基于三类危险源的事故致因机理模型如图 3-1 所示。

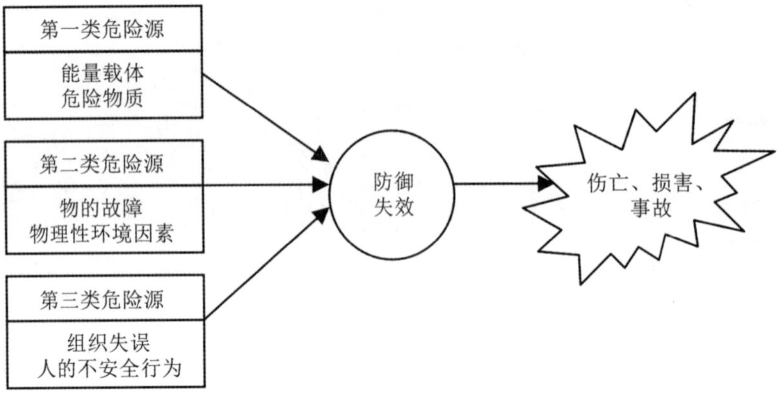

图 3-1　基于三类危险源的事故致因机理模型

由图 3-1，基于三类危险源的事故致因机理模型有如下两个特点：第一，强调防御失效是所有工业伤亡事故发生的必要环节，是事故根源和事故后果之间的中间环节和桥梁，突出强调的是防御对事故控制的重要性，符合“安全第一、预防为主、综合治理”的安全生产方针；第二，将组织不安全行为/失误划分为第三类危险源，试图使人们能更全面地认识不同类型的危险源，使得危险源管控更具针对性。

二、系统安全评价的概念

系统安全评价[2](system safety assessment)，也称危险评价或风险评价(risk assessment)，是用系统科学的方法对一个系统、一个企业或一个生产过程中的危险源及其控制的评价。发现危险源控制的薄弱环节，采取切实可行的措施降低其危险性，进一步加强安全管理，是安全评价的目的所在。

危险源是导致事故的潜在不安全因素。危险性是指某种危险源导致事故、造成人员伤亡或财产损失的可能性。系统中往往存在许多危险源，系统安全评价是对系统中危险源危险性的综合评价。根据两类危险源理论，危险源的危险性评价应该包括对第一类危险源的评价与对第二类危险源的评价。

罗韦(W. D. Rowe)对安全评价所下的定义[1-3]如图 3-2 所示。安全评价包括确认危险性和评价危险程度两个方面的问题。危险性确认在于辨识危险源，定量描述来自危险源的危险性；评价危险程度在于控制危险源，评价采取控制措施后仍然存在的危险源的危险性是否可以被接受。在实际安全评价过程中，这些工作不是截然分开、孤立进行的，而是相互交叉、相互重叠进行的。

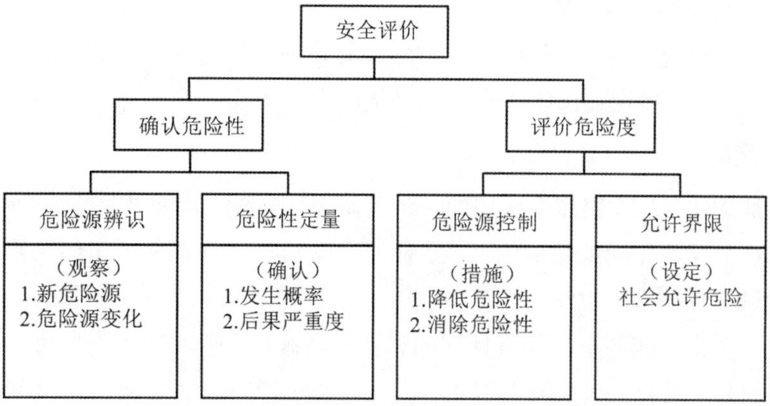

图 3-2　安全评价

三、系统安全评价原理

系统安全评价的根本任务是探求系统安全运行的规律和结果，以便发现危险源，并通过采取控制措施，降低危险源的危险性，从而实现系统安全的目的。虽然系统安全评价的领域、种类、方法、手段繁多，评价系统的属性、特征及事件的随机性千变万化、各不相同，但其思维方式和基本原理是一致的。系统安全评价原理[124-127]包括相关原理、类推原理、惯性原理以及量变到质变原理。

1. 相关原理

系统结构的特征和事故的因果关系是相关原理的基础。相关是两种或两种以上客观现象之间的依存关系。相关分析是对因变量和自变量依存关系密切程度的分析。通过相关分析，人们可以透过错综复杂的现象，测定其相关程度，揭示其内在联系。系统危险性通常不能通过实验进行分析，但可以利用系统发展过程的相关性进行评价。系统与子系统、系统与要素、要素与要素之间都存在着相互制约、相互联系的相关关系。只有通过相关分析，才能搞清楚它们之间的相关关系，正确地建立相关数学模型，进而对系统危险性做出客观、正确的评价。

系统的合理结构可用以下公式来表示：

$$E=\max f(X,\ R,\ C) \tag{3.1}$$

$$S_{opt}=\max\{s \mid E\} \tag{3.2}$$

式中，E——最优结合效果；

S_{opt}——最佳安全系统；

X——系统组成要素集；

R——系统组成要素的相关关系集；

C——系统要素和相关关系的分布形式；

f——X，R，C 的结合效果函数；

s——系统结构的各个阶层。

对系统安全评价而言，就是寻找 X，R，C 的某种合理的结合形式，以使 E，S_{opt} 达到最佳程度。这一过程可通过系统工程中的最优化方法实现。

2. 类推原理

类推也称类比，是人们经常使用的一种逻辑思维方法。类推推理是根据两个或两类对象之间存在的某些相同或相似的属性，从一个已知对象具有某个属性来推出另一个对象也具有此种属性的推理方法。

类推评价是指已知两个不同事件间的相互联系规律，则可利用先导事件的发展规律来评价迟发事件的发展趋势。其前提条件是寻找类似事件。如果两个事件间存在一些基本相似，就可以揭示两个事件的其他相似性，并认为两个事件是相似的。若一个事件发生时经常伴随产生另一个事件，则可认为这两个事件间存在着某些联系，即相似关系。类推法是经常使用的一种安全评价方法。

类推评价法的种类及其应用领域取决于评价对象事件与先导事件之间联系的性质，若这种联系可用数字表示，则称为定量类推；若这种联系关系只能定性处理，则称为定性类推。类推评价方法主要包括平衡推算法、代替推算法、因素推算法、抽样推算法、比例推算法、概率推算法等。

3. 惯性原理

对于同一个事物，可以根据事物的发展都带有一定的延续性(即所谓惯性)，来推断系统未来的发展趋势，所以，惯性原理也可以称为趋势外推原理。从定义可以看出，任何系统的发展变化都与过去的行为密切相关，过去的行为不仅影响现在，还会影响到未来，即系统的发展具有延续性。惯性表现为趋势外推，并以趋势外延推测其未来状态；惯性还表现为延续性，如今天的安全投资是以昨天安全损失大小为依据的，而通过投资后，未来的安全损失必然降低。利用系统发展具有惯性这一特征进行评价通常要以系统的稳定性为前提。但由于系统的复杂性，绝对稳定的系统是不存在的。

4. 量变到质变原理

任何事物在发展变化过程中都存在着从量变到质变的规律。同样，在一个系统中，许多有关安全的因素也都存在着从量变到质变的规律。在评价一个系统的安全性时，也离不开从量变到质变原理。例如，在许多评价方法中，有关安全等级的划分无不应用着量变到质变原理。如“DOW 化学公司火灾、爆炸危险指数评价法”中，关于按 F & EI 划分的危险等级，划分了 1~60，61~96，97~127，128~158，159 及以上等 5 个不同的变化层次，分别对应着“最轻”“较轻”“中等”“很大”“非常大”等 5 个不同级别。在评价结论中，“中等”及以下级别是可以接受的，而“很大”“非常大”级别是不能接受的。因此，可以认为量变到质变原理是系统及其指标因素安全等级划分的理论基础。

四、系统安全评价类型

根据我国安全评价标准《安全评价通则》(AQ 8001—2007)[128]，安全评价按其实施阶段的不同分为三类：安全预评价、安全验收评价、安全现状评价。

1. 安全预评价

安全预评价是在建设项目可行性研究阶段、工业园区规划阶段或生产经营活动组织实施之前，根据相关的基础资料，辨识和分析建设项目、工业园区、生产经营活动潜在的危险、有害因素，确定其与安全生产法律、法规、规章、标准、规范的符合性，预测发生事故的可能性及其严重程度，提出科学、合理、可行的安全对策措施和建议，做出安全评价结论。

安全预评价实际上就是在项目建设前，应用安全评价的原理和方法对系统的危险、危害性进行预测性评价的过程。

2. 安全验收评价

安全验收评价是在建设项目竣工后正式生产运行前或工业园区建设完成后，通过检查建设项目安全设施与主体工程同时设计、同时施工、同时投入生产和使用的情况或工业园区内的安全设施、设备、装置投入生产和使用的情况，掌握安全生产管理措施到位情况、安全生产规章制度健全情况、事故应急救援预案建立情况，审查确定建设项目、工业园区建设是否满足安全生产法律、法规、规章、标准和规范的要求，从整体上确定建设项目、工业园区的运行状况和安全管理情况，做出安全验收评价的结论。

安全验收评价是运用系统安全工程的原理和方法，在项目建成试生产正常运行后，在正式投产前进行的一种检查性安全评价。它通过对系统存在的危险和有害因素进行定性和定量的检查，判断系统在安全上的符合性和配套安全设施的有效性，从而做出评价结论并提出补救或补偿措施，以保证系统安全的实现。

3. 安全现状评价

安全现状评价是针对生产经营活动中和工业园区内的事故风险、安全管理等情况，辨识和分析其存在的危险、有害因素，审查确定其与法律、法规、规章、标准、规范的符合性，预测发生事故或造成职业危害的可能性及其严重程度，提出科学、合理、可行的安全对策措施和建议，做出安全现状评价结论。

五、系统安全评价方法

在安全评价的过程中，安全评价人员所采用的方法和手段统称为安全评价方法。

安全评价方法有多种分类标准，较常用的有按评价结果的量化程度分类、按评价的逻辑推理过程分类、按评价的目的分类、按评价的系统性质分类等。此处，仅对最常用且最重要的“按评价结果的量化程度分类”情况[1]进行简要介绍。

(1)定性安全评价方法

定性评价是指依靠人的观察分析能力，借助于经验和判断能力进行评价的方法。做定性安全评价时不对危险性进行量化处理而只做定性的比较。常用的方法如下：

①与有关的标准、规范或安全检查表对比，判断系统的危险程度；

②根据同类系统或类似系统以往的事故经验指定危险性分类等级。

定性评价方法比较粗略，一般用于整个安全评价过程中的初步评价阶段。

(2)半定量安全评价方法

进行概率危险性评价需要以大量数据为基础，实际工作中获取某些数据往往非常困难，甚至不可能。这就限制了概率危险性评价的应用。于是，人们开发了一些介于定性安全评价与定量安全评价之间，或者说部分定性、部分定量的安全评价方法，如防护层分析和功能安全评价等。

(3)定量安全评价方法

定量安全评价是在危险性量化基础上进行的评价，能够比较精确地描述系统的危险状况，因而在系统安全评价中得到了广泛的应用。

按危险性量化处理的方式不同，定量安全评价方法又可分为相对的安全评价方法和概率的安全评价方法。

相对的安全评价方法是评价者根据以往经验和个人见解规定一系列打分标准，然后按危险性分数值评价危险性的方法。相对的评价方法又称为打分法。这种方法需要更多的经验和判断，受评价者主观因素的影响较大。生产作业条件危险性评价法、火灾爆炸危险指数法等都属于相对的安全评价方法。

概率的安全评价方法[129]是以某种系统事故发生概率计算为基础的评价方法，目前应用较多的是概率危险性评价(PRA)方法。

目前，常用的定量安全评价方法包括：危险度评价法，DOW 化学公司火灾、爆炸危险指数评价法，ICI 蒙德法，日本六阶段评价法，易燃、易爆、有毒重大危险源评价法，事故树分析法，风险矩阵法，概论风险评价法，模糊综合评价法，灰色系统理论评价法，可拓评价法，集对分析评价法，直觉模糊评价法，可变模糊评价法等。

六、基于可变模糊集理论的评价方法对于安全评价问题的适宜性分析

1.安全评价问题的特点分析

(1)复杂性

根据两类危险源理论，安全评价应该包括对第一类危险源的评价和对第二类危险源的评价，在实际安全评价工作中，这些工作并非截然分开、孤立进行的，而是相互交叉、相互重叠进行的，这表明安全评价问题具有高度的复杂性。

（2）模糊性

安全评价涉及诸多被评价项目，这些评价项目不仅数目众多、权重各异，而且它们的状况往往很难用经典的数学方法来描述，即很难量化。例如，企业领导对事故预防工作的重视程度就很难衡量，重视或不重视都是相对的、模糊的，只能使用很重视、比较重视、一般重视、不够重视和不重视之类的模糊概念描述。

（3）动态可变性

任何一个被评价安全系统都不可能是一成不变的，因受时空变化影响，动态可变性是其永恒规律。例如，旅游安全评价预警问题受到时间、空间等因素的影响，不同样本条件下各预警指标相对重要性（权重）并非固定不变的，如旅游设施使用饱和度在淡季会很低，而在旺季会很高甚至达到极限值。

2.基于可变模糊集理论的评价方法对于安全评价问题的适宜性分析

首先，基于可变模糊集理论的评价方法主要包括可变模糊识别评价方法和可变模糊评价方法，特别适合表达和求解具有模糊性的复杂安全系统评价问题[7]；其次，根据系统安全评价的惯性原理，被评价安全系统及其构成要素具有动态性，不是一成不变的，而是可变的，这与可变模糊集理论的可变性具有很好的契合点；最后，系统安全评价的量变到质变原理，集中反映了系统安全状况在“安全”与“危险”两种状态之间的过渡情况，这与可变模糊集理论的“量变与质变”定理不谋而合。综上，基于可变模糊集理论的评价方法对于求解安全评价问题具有较好的适宜性。

第三节　可变模糊识别评价方法

可变模糊模式识别模型与方法也可简称为可变模糊识别评价方法[7]。

一、可变模糊识别模型与方法

设有待识别的 n 个样本组成样本集，依据 m 个指标特征值按已知 c 个级别指标标准值模式对样本进行识别，其指标特征值与指标标准特征值矩阵分别为

$$\boldsymbol{X}=(x_{ij})\qquad i=1,2,\cdots,m;\ j=1,2,\cdots,n \tag{3.3}$$

$$\boldsymbol{Y}=(y_{ih})\qquad i=1,2,\cdots,m;\ h=1,2,\cdots,c \tag{3.4}$$

由于指标特征值、指标标准特征值量纲不同，需要对其进行规格化处理。通常指标分为：递增型（越小越优或成本型），即从 1 级至 c 级指标标准特征值递增；递减型（越大越优或效益型），即由 1 级至 c 级指标标准特征值递减。越小越优、越大越优型指标与指标标准特征值的规格化公式分别为

$$r_{ij}=\begin{cases}0, & x_{ij}\leqslant y_{im}\text{或 }x_{ij}\geqslant y_{im}\\ \dfrac{x_{ij}-y_{im}}{y_{i1}-y_{im}}, & y_{i1}>x_{ij}>y_{im}\text{或 }y_{i1}<x_{ij}<y_{im}\\ 1, & x_{ij}\geqslant y_{i1}\text{或 }x_{ij}\leqslant y_{i1}\end{cases} \tag{3.5}$$

$$s_{ih}=\begin{cases}0, & y_{ih}=y_{im}\\ \dfrac{y_{ih}-y_{im}}{y_{i1}-y_{im}}, & y_{i1}>y_{ih}>y_{im}\text{或 }y_{i1}<y_{ih}<y_{im}\\ 1, & y_{ih}=y_{i1}\end{cases} \tag{3.6}$$

式中，r_{ij}——样本 j 指标 i 特征值对待识别(或评价)模糊概念 $\underset{\sim}{A}$ 的相对隶属度，即规格化数；

y_{i1}，y_{ih}，y_{ic}——指标 i 的 1 级、h 级、c 级标准特征值；

s_{ih}——级别 h 指标 i 标准特征值 y_{ih}的规格化数。

在实际应用中有时指标特征值并无明确规定，r_{ij}，s_{ih}不能用规格化公式(3.5)、(3.6)计算，建议：

对于效益型识别指标

$$r_{ij}=\frac{x_{ij}}{\max\limits_{j} x_{ij}} \tag{3.7}$$

对于成本型识别指标

$$r_{ij}=\begin{cases}\dfrac{\min\limits_{j} x_{ij}}{x_{ij}}, & \min\limits_{j} x_{ij}\neq 0\\ 1-\dfrac{x_{ij}}{\max\limits_{j} x_{ij}}, & \min\limits_{j} x_{ij}=0\end{cases} \tag{3.8}$$

对无论是效益型或是成本型指标，s_{ih}均可用下面的公式计算：

$$\boldsymbol{S}=\left(1\ \frac{c-2}{c-1}\ \ \frac{c-3}{c-1}\ \cdots\ 0\right)=(s_{ih})\quad \forall i \tag{3.9}$$

经规格化处理后可得指标特征值与指标标准特征值规格化矩阵：

$$\boldsymbol{R}=(r_{ij})\quad i=1,\ 2,\ \cdots,\ n;\ j=1,\ 2,\ \cdots,\ n \tag{3.10}$$

$$\boldsymbol{S}=(s_{ih})\quad i=1,\ 2,\ \cdots,\ n;\ h=1,\ 2,\ \cdots,\ c \tag{3.11}$$

样本 j 的 m 个指标相对隶属度 r_{1j}，r_{2j}，…，r_{mj}分别与矩阵 $\boldsymbol{S}$ 的 1，2，…，m 行的行向量逐个地进行比较，可得到样本 j 的级别下限值 a_j 与级别上限值 b_j。

设 n 个样本依据 c 个级别的标准模式矩阵 $\boldsymbol{S}$ 按 m 个指标特征值矩阵(r_{ij})进行识别，其模糊模式识别矩阵为

$$\boldsymbol{U}=(u_{hj})\quad h=1,\ 2,\ \cdots,\ c;\ j=1,\ 2,\ \cdots,\ n \tag{3.12}$$

满足条件 $$\sum_{h=1}^{c} u_{hj} = 1,\ 0 \leqslant u_{hj} \leqslant 1,\ \sum_{j=1}^{n} u_{hj} > 0$$

其中

$$u_{hj} = \begin{cases} \left\{ \sum_{k=a_j}^{b_j} \left[\dfrac{\sum_{i=1}^{m} (w_i \mid r_{ij} - s_{ih} \mid)^p}{\sum_{i=1}^{m} (w_i \mid r_{ij} - s_{ik} \mid)^p} \right]^{\frac{\alpha}{p}} \right\}^{-1}, & a_j \leqslant h < b_j \\ 0, & 1 \leqslant h < a_j \text{ 或 } c \geqslant h > b_j \end{cases} \tag{3.13}$$

称为可变模糊模式识别模型。

式(3.13)中，$\sum_{h=a_j}^{b_j} u_{hj} = 1$；$w_i$ 为指标权重，满足 $\sum_{i=1}^{m} w_i = 1,\ 0 \leqslant w_i \leqslant 1$；$\alpha$ 为优化标准参数，$\alpha = 1$ 为最小一乘方准则，$\alpha = 2$ 为最小二乘方准则；p 为距离参数，$p = 1$ 为海明距离，$p = 2$ 为欧氏距离。α，p 称为可变模糊模型参数，通常有 4 种组合：$\alpha = 1$，$p = 1$；$\alpha = 1$，$p = 2$；$\alpha = 2$，$p = 1$；$\alpha = 2$，$p = 2$。

最后，利用级别特征值模型

$$\boldsymbol{H}_j = (1 \quad 2 \cdots c) \cdot (u_{hj}) \tag{3.14}$$

并结合判断准则

$$\begin{cases} 1.0 \leqslant H \leqslant 1.5, & \text{归属于 1 级} \\ h-0.5 < H \leqslant h, & \text{归属于 } h \text{ 级，偏}(h-1)\text{级} \quad (h=2,3,\cdots,c-1) \\ h < H \leqslant h+0.5, & \text{归属于 } h \text{ 级，偏}(h+1)\text{级} \quad (h=2,3,\cdots,c-1) \\ c-0.5 < H \leqslant c, & \text{归属于 } c \text{ 级} \end{cases} \tag{3.15}$$

对模糊模式识别结果进行归属于级别 H_j 的综合识别评价。

二、应用实例

为说明可变模糊识别方法在系统安全评价中的优越性，此处采用文献[116-118，121]中的评价实例及数据对煤矿安全的自然情况进行预评价，并与未确知数学方法[116]、集对分析方法[117-118]、物元可拓方法[121]进行比较研究。

煤矿生产系统作为一个综合复杂系统，各种危险因素在空间上立体分布，时间上动态发展，导致煤矿事故的发生具有模糊性、随机性、动态性特点。而可变模糊识别评价方法对于具有复杂性、模糊性和可变性的系统安全评价问题具有较好的适宜性[7]，基于此，本节采用可变模糊识别评价方法对煤矿安全进行预评价研究。做好煤矿安全预评价，可为煤矿初步设计中安全专篇的设计提供依据，从而为保证矿井建成后生产的安全性打下基础。

以文献[116-118，121]中的陕西省黄陵双龙煤矿 2 号矿井为例进行煤矿安全预评价。根据煤矿生产系统的特点，选取地质构造(相对指数)x_1、顶板(相对指数)x_2、瓦斯

涌出量 $x_3/(m^3 \cdot t^{-1})$、煤层倾角 $x_4/(°)$、煤层厚度 x_5/m、开采深度 x_6/m、平均涌水量 $x_7/(m^3 \cdot h^{-1})$、煤质挥发分 $x_8/\%$、自然发火期 x_9/月、冲击地压发生深度 x_{10}/m 等 10 项指标。以这 10 项指标构成煤矿自然条件安全预评价的指标体系。

根据煤矿安全生产的特点及其影响因素，可将其预评价等级分为以下 5 个级别[116-118, 121]：Ⅰ级(安全)，矿井整体安全状况良好；Ⅱ级(较安全)，存在个别薄弱环节，需及时整改及排除；Ⅲ级(一般安全)，安全状况一般，需采取一定的防范措施；Ⅳ级(不安全)，安全状况较差，需有针对性地采取重大措施，对系统进行改进，以消除危险因素；Ⅴ级(很不安全)，安全状况最差，不能继续生产。具体分级标准[116-118, 121]见表 3-2。

表 3-2　　矿井自然条件灾害指标的分级标准

指标分级	x_1	x_2	x_3	x_4	x_5	x_6	x_7	x_8	x_9	x_{10}
Ⅰ级(安全)	1	1	2.5	10	2.5	100	180	10	12	200
Ⅱ级(较安全)	3	3	7.5	15	3.5	115	300	12.5	10	400
Ⅲ级(一般安全)	5	5	12.5	30	4.5	275	600	21.5	7	500
Ⅳ级(不安全)	7	7	20	45	6	375	900	34	6	600
Ⅴ级(很不安全)	9	9	25	55	12	500	1000	40	3	650

对待评价样本对象按上述 10 项指标进行估算、测量，其量化数据列于表 3-3。

表 3-3　　预评价指标数据

指标	x_1	x_2	x_3	x_4	x_5	x_6	x_7	x_8	x_9	x_{10}
数值	1	4	6.33	3	2.67	450	160	30	15	550

1. 权重确定方法

(1) 主观权重的确定

采用文献中的权重，其方法为专家咨询法[130]，又称德尔菲法，即组织若干对评价系统熟悉的专家，通过一定方式对指标权重独立地发表见解，并用统计方法作适当处理，主要步骤为：

①组织 r 个专家，对每个指标 $X_j(j=1, 2, \cdots, n)$ 的权重进行估计，得到指标权重估计值 $w_{k1}, w_{k2}, \cdots, w_{kn}(k=1, 2, \cdots, r)$；

②计算 r 个专家给出的权重估计值的平均估计值 $\overline{w}_j = \dfrac{1}{r}\sum_{k=1}^{r} w_{kj} \quad (j=1, 2, \cdots, n)$；

③计算估计值和平均估计值的偏差 $\Delta_{kj} = |w_{kj} - \overline{w}_{kj}|$ $(k=1, 2, \cdots, r; j=1, 2, \cdots, n)$；

④对于偏差 Δ_{kj} 较大的第 j 指标权重估计值，再请第 k 个专家重新估计 w_{kj}，经过几轮反复，直到偏差满足一定的要求为止，最后得到一组指标权重的平均估计修正值 $\overline{w}_j(j=1,$

2，…，n）。

（2）客观权重的确定

采用熵权法[130]并结合未确知测度矩阵确定[131]。

①未确知测度模型。

研究对象空间 $X=\{x_1, x_2, \cdots, x_n\}$，属性空间 $I=\{I_1, I_2, \cdots, I_m\}$，每个属性测量值有 k 个评价等级 $C_1<C_2<\cdots<C_k$，或 $C_1>C_2>\cdots>C_k$，构成评价对象空间 $C=\{C_1, C_2, \cdots, C_k\}$。在研究对象空间 X 取 n 个对象 $x_1, x_2, \cdots, x_n$，对每个对象测量 m 个属性 $I_1, I_2, \cdots, I_m$，第 i 个对象的第 j 个属性测量值为 x_{ij}，因此，第 i 个对象可表示为一个向量 $\boldsymbol{x}_i=(x_{i1}, x_{i2}, \cdots, x_{im})(1\leqslant i\leqslant n)$。其评价类别向量是有序的，认为第 l 级比第 $l+1$ 级好，于是 $C_1>C_2>\cdots>C_k$，每个属性的分类标准已知，写成标准矩阵为

$$\begin{bmatrix} r_{11} & r_{12} & \cdots & r_{1k} \\ r_{21} & r_{22} & \cdots & r_{2k} \\ \vdots & \vdots & & \vdots \\ r_{m1} & r_{m2} & \cdots & r_{mk} \end{bmatrix} \tag{3.16}$$

其中，$r_{j1}<r_{j2}<\cdots<r_{jk}$ 或 $r_{j1}>r_{j2}>\cdots>r_{jk}$。

若已知 $\boldsymbol{x}_i=(x_{i1}, x_{i2}, \cdots, x_{im})(1\leqslant i\leqslant n)$ 和分类标准矩阵（3.16），应用未确知测度 $u_{ijk}=u(x_{ij}\in C_k)$。设 $r_{j1}<r_{j2}<\cdots<r_{jk}$，则

$$\begin{cases} \text{当 } x_{ij}\leqslant r_{j1} \text{ 时，} & \text{取 } u_{ij1}=1,\ u_{ij2}=u_{ij3}=\cdots=u_{ijk}=0 \\ \text{当 } x_{ij}\geqslant r_{jk} \text{ 时，} & \text{取 } u_{ijk}=1,\ u_{ij1}=u_{ij2}=\cdots=u_{ijk-1}=0 \\ \text{当 } r_{j1}<x_{ij}<r_{jl+1} \text{ 时，} & \text{取 } u_{ijl}=\left|\dfrac{x_{ij}-r_{jl+1}}{r_{jl}-r_{jl+1}}\right|,\ u_{ijl+1}=\left|\dfrac{x_{ij}-r_{jl}}{r_{jl}-r_{jl+1}}\right|,\ u_{ijk}=0 \quad (k<l \text{ 或 } k>l+1) \end{cases} \tag{3.17}$$

②指标熵权的确定。

由未确知测度矩阵知，某项指标方案隶属于各个等级的程度已经确定，意味着该指标对方案分类的重要程度已经确定。因此，采用信息熵的理论给出各影响因素的权重。由于 $C=\{C_1, C_2, \cdots, C_k\}$ 是评价等级，第 i 个待评价对象 x_i 的属性空间 $I=\{I_1, I_2, \cdots, I_m\}$ 的权重可由式（3.18）确定：

$$w_i=\frac{1+\dfrac{1}{\ln m}\sum\limits_{j=1}^{k}u_{ij}\ln u_{ij}}{\sum\limits_{i=1}^{m}\left(1+\dfrac{1}{\ln m}\sum\limits_{j=1}^{k}u_{ij}\ln u_{ij}\right)} \quad (i=1, 2, \cdots, m;\ j=1, 2, \cdots, k) \tag{3.18}$$

式中，$0\leqslant w_i\leqslant 1$，$\sum\limits_{i=1}^{m}w_i=1$，当 $u_{ij}=0$ 或 1 时，$u_{ij}\ln u_{ij}=0$。

(3)主客观组合权重的确定

采用线性主客观赋权方法[130]，也就是加法集成方法，即

$$w_j=\alpha w_j'+\beta w_j'' \tag{3.19}$$

式中，w_j'——评价指标 j 的主观权重，$j=1,2,\cdots,m$；

w_j''——评价指标 j 的客观权重，$j=1,2,\cdots,m$；

α,β——主观权重、客观权重的相对重要程度，$0\leqslant\alpha,\beta\leqslant1$，$\alpha+\beta=1$。

2. 求解过程

利用可变模糊识别方法对该煤矿进行安全预评价，具体步骤如下。

首先，由表 3-2 得到指标标准特征值矩阵及其规格化矩阵：

$$\boldsymbol{Y}=\begin{bmatrix}1.0&3.0&5.0&7.0&9.0\\1.0&3.0&5.0&7.0&9.0\\2.5&7.5&12.5&20.0&25\\10&15&30&45&55\\2.5&3.5&4.5&6.0&12\\100&115&275&375&500\\180&300&600&900&1000\\10&12.5&21.5&34&40\\12&10&7&6&3\\200&400&500&600&650\end{bmatrix}$$

$$\boldsymbol{S}=\begin{bmatrix}1.0&0.625&0.500&0.250&0.0\\1.0&0.625&0.500&0.250&0.0\\1.0&0.778&0.556&0.222&0.0\\1.0&0.889&0.556&0.222&0.0\\1.0&0.895&0.789&0.632&0.0\\1.0&0.963&0.563&0.313&0.0\\1.0&0.854&0.488&0.122&0.0\\1.0&0.917&0.617&0.200&0.0\\1.0&0.778&0.444&0.333&0.0\\1.0&0.556&0.333&0.111&0.0\end{bmatrix}$$

由表 3-3 得到指标特征值矩阵及其规格化矩阵(书中均为向量)：

$\boldsymbol{X}=(1,4,6.33,3,2.67,450,160,30,15,550)^{\mathrm{T}}$，

$\boldsymbol{R}=(1.0,0.625,0.83,1.0,0.982,0.125,1.0,0.333,1.0,0.222)^{\mathrm{T}}$。

其次，根据 $\boldsymbol{R}$ 与 $\boldsymbol{S}$ 的比较结果确定 a_j 和 b_j，此处，因 $j=1$，故有 $a_1=1$，$b_1=10$。

然后，确定权重，分别取主观权重、客观权重及主客观组合权重等 3 种不同权重进

行比较研究。其中：

主观权重取自文献[116]-[118]，[121]，即

$\boldsymbol{W}_1=(0.1, 0.17, 0.2, 0.07, 0.05, 0.05, 0.14, 0.08, 0.1, 0.04)$

客观权重按熵权法并结合未确知测度矩阵确定，得

$\boldsymbol{W}_2=(0.1191, 0.0832, 0.0909, 0.1191, 0.0954, 0.0842, 0.1191, 0.0867, 0.1191, 0.0832)$

主客观组合权重按 $\boldsymbol{W}_3=a\boldsymbol{W}_1+(1-a)\boldsymbol{W}_2$，取 $a=0.5$，得

$\boldsymbol{W}_3=(0.1096, 0.1266, 0.1455, 0.0945, 0.0727, 0.0671, 0.1296, 0.0834, 0.1096, 0.0616)$

根据式(3.13)计算得到相对隶属度向量，见表3-4。

表3-4　　评价结果

权重	模型参数组合	相对隶属度向量($\boldsymbol{u}$)	级别特征值(H)	H稳定范围	H均值($\bar{H}$)	评价等级
$\boldsymbol{W}_1$	$\alpha=1, p=1$	(0.2875, 0.3187, 0.1901, 0.1194, 0.0843)	2.3944	2.0138~2.4687	2.2541	Ⅱ级
	$\alpha=1, p=2$	(0.2537, 0.3262, 0.2082, 0.1218, 0.0901)	2.4687			
	$\alpha=2, p=1$	(0.3419, 0.4202, 0.1495, 0.0589, 0.0295)	2.0138			
	$\alpha=2, p=2$	(0.2714, 0.4489, 0.1828, 0.0625, 0.0344)	2.1394			
$\boldsymbol{W}_2$	$\alpha=1, p=1$	(0.3397, 0.2786, 0.1757, 0.1205, 0.0855)	2.3335	1.8635~2.4195	2.1597	Ⅱ级
	$\alpha=1, p=2$	(0.2939, 0.3019, 0.1878, 0.1236, 0.0928)	2.4195			
	$\alpha=2, p=1$	(0.4696, 0.3159, 0.1256, 0.0591, 0.0298)	1.8635			
	$\alpha=2, p=2$	(0.3649, 0.3852, 0.1490, 0.0646, 0.0364)	2.0224			
$\boldsymbol{W}_3$	$\alpha=1, p=1$	(0.2922, 0.2941, 0.1948, 0.1289, 0.0901)	2.4307	2.0433~2.5304	2.304	Ⅱ级
	$\alpha=1, p=2$	(0.2551, 0.2942, 0.2156, 0.1355, 0.0996)	2.5304			
	$\alpha=2, p=1$	(0.3640, 0.3688, 0.1618, 0.0708, 0.0346)	2.0433			
	$\alpha=2, p=2$	(0.2875, 0.3822, 0.2053, 0.0811, 0.0439)	2.2116			

最后，根据式(3.14)对4种模糊模式识别模型进行计算，并取各级别特征值 H 的均值 $\bar{H}$，结合判断准则(3.15)对黄陵2号矿井进行安全预评价，具体评价结果见表3-4。

3. 结果分析

由表3-4可知，在3种权重情况下，均有 $1.5<\bar{H}\leqslant 2.5$，故黄陵2号矿井属于Ⅱ级，

即该矿井为较安全矿井。因此，应对其查找薄弱部位，进行及时整改和排除隐患。虽然有文献[117]的结果与本节可变模糊识别方法的评价结果完全一致，文献[116]、[117]、[121]的结果与本节可变模糊识别方法的评价结果基本一致的情况，但文献[116]、[117]、[118]、[121]采用的评价方法存在不足或缺陷，导致所得评价结果缺乏可信性。现对以上结果进行分析：

①显然，文献[117]、[118]、[121]所得评价结果缺乏可信性。原因[7]是集对分析理论的中介不确定性概念存在主观臆想的缺陷，可拓集合(物元分析)理论存在数学与逻辑矛盾，并且可拓集合基础公式关联函数及其侧距公式存在遗漏重要约束条件的不足。因此，文献[117]、[118]、[121]中基于集对分析理论、基于可拓集合(物元分析)理论的评价方法在煤矿安全预评价等涉及生命与财产安全领域中是不宜采用的。

②文献[116]的结果是在置信度为0.6的条件下确定的，当置信度为其他值时则会出现不同的评价结果。而书中所提的可变模糊识别方法，得到的评价结果稳定、可靠，即黄陵2号矿井属于Ⅱ级。

综合以上，使用可变模糊识别方法对黄陵2号矿井进行预评价是可行、有效的，较文献[116]、[117]、[118]、[121]中的评价方法更为可靠、可信。

第四节　可变模糊评价方法

目前，大多数评价方法将评价标准按点值形式处理，有失评价的合理性。陈守煜教授在可变模糊集理论中提出的可变模糊评价方法[7]，可以很好地解决评价指标标准为区间形式的评价问题。本节应用可变模糊评价方法，对煤与瓦斯突出事故发生的严重程度进行了综合评价，为煤与瓦斯突出危险性评价提供了一种稳定、可靠的新途径。

一、可变模糊评价模型与方法

可变模糊评价方法的步骤如下。

①确定样本特征值矩阵。

设有 n 个待评价样本组成的样本集 $\{X_1, X_2, \cdots, X_n\}$，$x_{ij}$ 为样本 j 的第 i 个指标值，则待评价样本特征值矩阵可表示为

$$\boldsymbol{X}=(x_{ij}) \tag{3.20}$$

式中，$i=1, 2, \cdots, m$；$j=1, 2, \cdots, n$；m 为每个样本指标特征值的个数。

②确定指标评价区间矩阵。

设样本的各评价指标按 c 个级别划分出评价区间，并令1级优于2级，2级优于3级，……，c 级最差，则可得到指标评价区间矩阵：

$$
\boldsymbol{I}_{ab}=\begin{bmatrix} [a_{11},\ b_{11}] & [a_{12},\ b_{12}] & \cdots & [a_{1c},\ b_{1c}] \\ [a_{21},\ b_{21}] & [a_{22},\ b_{22}] & \cdots & [a_{2c},\ b_{2c}] \\ \vdots & \vdots & & \vdots \\ [a_{m1},\ b_{m1}] & [a_{m2},\ b_{m2}] & \cdots & [a_{mc},\ b_{mc}] \end{bmatrix}=([a_{ih},\ b_{ih}]) \tag{3.21}
$$

式中，$[a_{ih},\ b_{ih}]$——级别 h 指标 i 的标准值区间；

a_{ih}，b_{ih}——区间的上、下限。

③根据 $\boldsymbol{I}_{ab}$ 确定可变范围评价区间矩阵：

$$
\boldsymbol{I}_{cd}=\begin{bmatrix} [c_{11},\ d_{11}] & [c_{12},\ d_{12}] & \cdots & [c_{1c},\ d_{1c}] \\ [c_{21},\ d_{21}] & [c_{22},\ d_{22}] & \cdots & [c_{2c},\ d_{2c}] \\ \vdots & \vdots & & \vdots \\ [c_{m1},\ d_{m1}] & [c_{m2},\ d_{m2}] & \cdots & [c_{mc},\ d_{mc}] \end{bmatrix}=([c_{ih},\ d_{ih}]) \tag{3.22}
$$

式中，$[c_{ih},\ d_{ih}]$——级别 h 指标 i 的可变范围值区间；

c_{ih}，d_{ih}——区间的上、下限，且有

$$
[c_{ih},\ d_{ih}]=\begin{cases} [a_{ih-1},\ b_{ih+1}], & h-1>0,\ h<c \\ [a_{ih},\ b_{ih+1}], & h-1=0 \\ [a_{ih-1},\ b_{ic}], & h=c \end{cases}
$$

④根据矩阵 $\boldsymbol{I}_{ab}$，按指标的物理特性与实际情况确定区间 $[a_{ih},\ b_{ih}]$ 中相对隶属度 $\mu_{\underset{\sim}{A}}(x_{ij})_h=1$ 的点值矩阵：

$$
\boldsymbol{M}=\begin{bmatrix} M_{11} & M_{12} & \cdots & M_{1c} \\ M_{21} & M_{22} & \cdots & M_{2c} \\ \vdots & \vdots & & \vdots \\ M_{m1} & M_{m2} & \cdots & M_{mc} \end{bmatrix}=(M_{ih}) \tag{3.23}
$$

式中，取 $M_{ih}=\dfrac{c-h}{c-1}a_{ih}+\dfrac{h-1}{c-1}b_{ih}$，$h=1,\ 2,\ \cdots,\ c$。

⑤确定指标 x_{ij} 隶属于各个级别的相对隶属度矩阵。

将指标特征值 x_{ij} 与 M_{ih} 进行比较，若 x_{ij} 在 M_{ih} 的左侧，即 $x_{ij}<M_{ih}$，则其相对隶属函数的计算公式为

$$
\begin{cases} \mu_{\underset{\sim}{A}}(x_{ij})_h=0.5\left(1+\dfrac{x_{ij}-a_{ih}}{M_{ih}-a_{ih}}\right), & x_{ij}\in[a_{ih},\ M_{ih}] \\ \mu_{\underset{\sim}{A}}(x_{ij})_h=0.5\left(1-\dfrac{x_{ij}-a_{ih}}{c_{ih}-a_{ih}}\right), & x_{ij}\in[c_{ih},\ a_{ih}] \end{cases} \tag{3.24}
$$

若 x_{ij} 在 M_{ih} 的右侧，即 $x_{ij}>M_{ih}$，则其相对隶属函数的计算公式为

$$\begin{cases}\mu_{\underset{\sim}{A}}(x_{ij})_h=0.5\left(1+\dfrac{x_{ij}-b_{ih}}{M_{ih}-b_{ih}}\right), & x_{ij}\in[M_{ih},\ b_{ih}]\\ \mu_{\underset{\sim}{A}}(x_{ij})_h=0.5\left(1-\dfrac{x_{ij}-b_{ih}}{d_{ih}-b_{ih}}\right), & x_{ij}\in[b_{ih},\ d_{ih}]\end{cases} \tag{3.25}$$

从而可计算样本 j 指标 i 对各个级别的相对隶属度矩阵：

$${}_j\boldsymbol{U}^0=\begin{bmatrix}\mu_{\underset{\sim}{A}}(x_{1j})_1 & \mu_{\underset{\sim}{A}}(x_{1j})_2 & \cdots & \mu_{\underset{\sim}{A}}(x_{1j})_c\\ \mu_{\underset{\sim}{A}}(x_{2j})_1 & \mu_{\underset{\sim}{A}}(x_{2j})_2 & \cdots & \mu_{\underset{\sim}{A}}(x_{2j})_c\\ \vdots & \vdots & & \vdots\\ \mu_{\underset{\sim}{A}}(x_{mj})_1 & \mu_{\underset{\sim}{A}}(x_{mj})_2 & \cdots & \mu_{\underset{\sim}{A}}(x_{mj})_c\end{bmatrix}=(\mu_{\underset{\sim}{A}}(x_{ij})_h) \tag{3.26}$$

⑥确定可变模糊综合评价模型。

由式(3.27)计算样本 j 对级别 h 的综合相对隶属度：

$${}_ju'_h=\left(1+\left\{\frac{\sum_{i=1}^{m}[w_i(1-\mu_{\underset{\sim}{A}}(x_{ij})_h)]^p}{\sum_{i=1}^{m}(w_i\mu_{\underset{\sim}{A}}(x_{ij})_h)^p}\right\}^{\frac{\alpha}{p}}\right)^{-1} \tag{3.27}$$

式中，w_i 为指标权重；α 为优化标准参数，$\alpha=1$ 为最小一乘方准则，$\alpha=2$ 为最小二乘方准则；p 为距离参数，$p=1$ 为海明距离，$p=2$ 为欧氏距离。α，p 称为可变模糊模型参数，通常有 4 种组合：$\alpha=1$，$p=1$；$\alpha=1$，$p=2$；$\alpha=2$，$p=1$；$\alpha=2$，$p=2$。

根据参数的 4 种不同组合均可得到一个相应的非归一化综合相对隶属度矩阵：

$${}_j\boldsymbol{U}'=({}_ju'_h) \tag{3.28}$$

对式(3.27)进行归一化，得到样本 j 对级别 h 的归一化综合相对隶属度矩阵：

$${}_j\boldsymbol{U}=({}_ju_h) \tag{3.29}$$

式中，${}_ju_h=\dfrac{{}_ju'_h}{\sum_{h=1}^{c}({}_ju'_h)}$。

⑦综合评价。

按式(3.14)计算样本 j 的级别特征值向量 $\boldsymbol{H}_j$，并根据判断准则式(3.15)对样本进行综合评价。

二、应用实例

本节以某煤矿煤与瓦斯突出事故发生的严重程度评价为例，来说明可变模糊评价方法在系统安全评价中的应用。

煤与瓦斯突出是煤矿生产中的重大灾害之一，是指煤和瓦斯在极短的时间向巷道或工作面大量涌出的过程，是受地应力、瓦斯压力和煤体结构特征等因素共同综合作用的结果，问题本身呈现出高度复杂性、可变性。同时，对其事故发生的严重程度划分，仅能以“较弱”“中等”“严重”等模糊概念进行描述，使煤与瓦斯突出事故带有模糊性的特点，而且对于模糊概念“较弱”等的量化表示是以区间数的形式给出的。而可变模糊评价方法正是解决具有模糊性、复杂性和动态可变性等特征的评价问题的有效方法体系[7]。为此，煤与瓦斯突出事故发生的严重程度宜采用可变模糊评价方法进行综合评价。

实例资料引自文献[132]。6 个评价指标分别为：最大突出强度 C_1/t、始突深度 C_2/m、最大吨煤瓦斯涌出量 C_3/($m^3 \cdot t^{-1}$)、平均突出强度 C_4/t、突出频度C_5/(次 · a^{-1})、突出类型比例 C_6/%，各评价指标的权重见表 3–5。通过这 6 个指标的确定，可以较科学地评价出煤矿煤与瓦斯突出事故发生的严重程度。突出危险程度分为 3 级，评价指标与各级标准值区间如表 3–5 所示。

表 3–5　　突出危险程度指标评价标准及权系数

序号	评价因子	权重	突出危险程度		
			较弱(1 级)	中等(2 级)	严重(3 级)
1	C_1	0.2	<100	[100, 500]	≥500
2	C_2	0.15	>300	[100, 300]	≤100
3	C_3	0.15	<40	[40, 100]	≥100
4	C_4	0.15	<50	[50, 100]	≥100
5	C_5	0.15	<4	[4, 10]	≥10
6	C_6	0.2	<20	[20, 60]	≥60

根据表 3–5，式(3.20)、(3.21)、(3.22)，可构造参数 $\boldsymbol{I}_{ab}$、$\boldsymbol{I}_{cd}$、$\boldsymbol{M}$ 如下：

$$\boldsymbol{I}_{ab}=\begin{bmatrix} [0,\ 100] & [100,\ 500] & [500,\ 1000] \\ [600,\ 300] & [300,\ 100] & [100,\ 0] \\ [0,\ 40] & [40,\ 100] & [100,\ 700] \\ [0,\ 50] & [50,\ 100] & [100,\ 200] \\ [0,\ 4] & [4,\ 10] & [10,\ 20] \\ [0,\ 20] & [20,\ 60] & [60,\ 120] \end{bmatrix}$$

$$\boldsymbol{I}_{cd}=\begin{bmatrix} [0,\ 500] & [0,\ 1000] & [100,\ 1000] \\ [600,\ 100] & [600,\ 0] & [300,\ 0] \\ [0,\ 100] & [0,\ 700] & [40,\ 700] \\ [0,\ 100] & [0,\ 200] & [50,\ 200] \\ [0,\ 10] & [0,\ 20] & [4,\ 20] \\ [0,\ 60] & [0,\ 120] & [20,\ 120] \end{bmatrix}$$

$$M=\begin{bmatrix} 0 & 300 & 1000 \\ 600 & 200 & 0 \\ 0 & 70 & 700 \\ 0 & 75 & 200 \\ 0 & 7 & 20 \\ 0 & 40 & 120 \end{bmatrix}$$

利用本节提出的可变模糊评价方法对突出样本1(839, 190, 186, 154, 3.4, 79)和样本2(540, 186, 664, 79.6, 1.75, 29)进行评价，得到级别特征值H，见表3-6。

表3-6　级别特征值

模型组合		$\alpha=1, p=1$	$\alpha=1, p=2$	$\alpha=2, p=1$	$\alpha=2, p=2$
样本1	H	2.4169	2.3426	2.6615	2.6823
	$\bar{H}$	2.5258			
样本2	H	2.1127	2.0866	2.1943	2.1698
	$\bar{H}$	2.1409			

由表3-6并结合式(3.15)可知，样本1的评价结果为3级，即该矿属于严重突出危害性矿井；样本2的评价结果为2级，即该矿属于中等突出危害性矿井。

利用本节的可变模糊评价方法，样本1的评价结果与文献[132]的结果一致，均为3级；而样本2的评价结果与文献[132]的结果(3级)相差一级。对样本1，文献[132]中按灰色评估方法得到的隶属度向量为(0.15, 0.0, 0.85)，0.85>0.0+0.15，即样本1对3级的隶属度远大于对1，2两级隶属度之和，且为5.6倍多。又据表3-4可知，6项评价指标有4项指标值落入3级，1项落入1级，1项落入2级。因此，文献中方法和本节方法的评价结果都是合理的。对样本2，本节方法和文献中方法结果不一致的原因分析如下：文献[132]得到的隶属度向量为(0.26, 0.342, 0.398)，该文献是应用灰色评估方法中的最大隶属度原则，并由样本2对3级的隶属度为0.398最大给出评价结果，但却丢掉了对1级、2级隶属度0.26、0.342的有用信息。因为0.26+0.342=0.602>0.398，且是后者的1.5倍多。又据表3-5可知，6项评价指标有3项指标值落入2级，1项落入1级，2项落入3级，因此，文献[132]中的评价结果不合理，合理的评价应是本节方法的结果2级，即该矿属于中等突出危害性矿井。

第五节　基于可拓与集对的可变模糊评价方法

针对可变模糊评价方法相对隶属度计算过程中值为 1 的点值矩阵确定较为困难[7, 133]、等级特征值阈值范围不易确定[133-134]等不足，本节提出一种有机融合可拓理论、集对分析理论、可变模糊评价理论、二元语义理论于一体的可变模糊评价新方法，并以旅游安全预警问题为例进行实证分析，以验证可变模糊评价新方法的可行性和有效性。

一、可拓关联度与集对分析联系隶属度的互补性分析

可拓集合正域、零界、负域概念恰好对应描述了事物“是”与“非”的相互转化，并能定量地表述事物的质变和量变过程，零界的概念则描述了事物“既是又非”的质变点。集对分析则是基于三分原理对两个集合间的关系进行同异反分析，很好地刻画了事物的确定与不确定的相互关系，这与可拓集合刻画事物本质的内涵具有异曲同工之妙。针对综合评价问题，可用图 3-3[133]诠释可拓集合论域与集对同异反的一一对应关系，即当样本数据位于讨论等级构成的可拓集合标准正域内时，定义为集对的同一性；当样本数据位于讨论等级构成的可拓集合过渡正域时，定义为集对的差异性；当样本数据位于讨论等级构成的可拓集合负域时，定义为集对的对立性。这说明可拓集合的可拓关联度与集对分析的联系隶属度具有较好的互补性，为可拓集合与集对分析的有机结合奠定了科学基础。

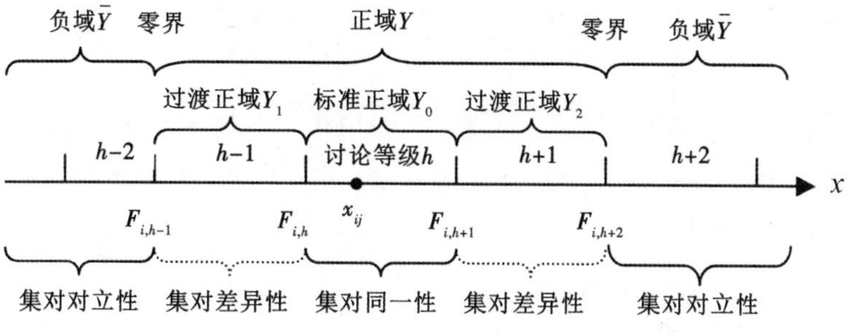

图 3-3　可拓集合论域与集对同异反的对应关系图

二、基于可拓与集对的可变模糊评价方法

可变模糊评价新方法的总体思路：集成可拓关联度与集对分析联系隶属度的优势互补性，构造新集对分析联系隶属度，进而计算可变模糊相对隶属度，并利用可变模糊综合评价模型，再结合二元语义方法，确定待评价样本旅游安全预警等级。

方法步骤如下：

步骤 1：确定研究对象的评价指标和评价等级标准。

步骤 2：确定评价指标的经典域、节域、待评价样本物元分别为

$$\boldsymbol{R}_h=\begin{bmatrix} N_h & O_1 & V_{1h}=<a_{1h},\ b_{1h}> \\ & O_2 & V_{2h}=<a_{2h},\ b_{2h}> \\ & \vdots & \vdots \\ & O_m & V_{mh}=<a_{mh},\ b_{mh}> \end{bmatrix} \tag{3.30}$$

$$\boldsymbol{R}_P=\begin{bmatrix} N & O_1 & V_{1e}=<a_{1e},\ b_{1e}> \\ & O_2 & V_{2e}=<a_{2e},\ b_{2e}> \\ & \vdots & \vdots \\ & O_m & V_{me}=<a_{me},\ b_{me}> \end{bmatrix} \tag{3.31}$$

$$\boldsymbol{R}=\begin{bmatrix} p_j & O_1 & x_{1j} \\ & O_2 & x_{2j} \\ & \vdots & \vdots \\ & O_m & x_{mj} \end{bmatrix} \tag{3.32}$$

步骤 3：基于可拓集合论域与集对分析同异反关系，构造集对分析联系隶属度：

① 当样本 j 的指标 i 落入讨论等级标准 h（对应可拓集合标准正域 $Y_0=<F_{i,\ h},\ F_{i,\ h+1}>$）内时，该指标与标准等级 h 的关系为同，且对应联系隶属度为

$$\boldsymbol{v}_h(x_{ij})=\begin{cases} \dfrac{2(F_{i,\ h+1}-x_{ij})}{F_{i,\ h+1}-F_{i,\ h}}, & x_{ij}\geqslant\dfrac{F_{i,\ h}+F_{i,\ h+1}}{2} \\ \dfrac{2(x_{ij}-F_{i,\ h})}{F_{i,\ h+1}}, & x_{ij}<\dfrac{F_{i,\ h}+F_{i,\ h+1}}{2} \end{cases} \tag{3.33}$$

② 当样本 j 的指标 i 落入讨论等级标准 h 的相邻等级 $h-1(h>2)$ 或 $h+1$（对应可拓集合过渡正域 $Y_1=<F_{i,\ h-1},\ F_{i,\ h}>$ 或 $Y_2=<F_{i,\ h+1},\ F_{i,\ h+2}>$）内时，其与标准等级 h 的关系为差异，且对应联系隶属度为

$$\boldsymbol{v}_h(x_{ij})=\begin{cases} \dfrac{\rho(x_{ij}-Y_0)}{\rho(x_{ij}-Y)-\rho(x_{ij}-Y_0)}, & \rho(x_{ij}-Y_0)\neq\rho(x_{ij}-Y) \\ -\rho(x_{ij}-Y_0), & \rho(x_{ij}-Y_0)=\rho(x_{ij}-Y),\ x_{ij}\in Y_0 \\ -1, & \rho(x_{ij}-Y_0)=\rho(x_{ij}-Y),\ x_{ij}\notin Y_0,\ x_{ij}\in Y \end{cases} \tag{3.34}$$

$$\rho(x_{ij}-Y_0)=\left|x_{ij}-\frac{F_{i,\ h}+F_{i,\ h+1}}{2}\right|-\frac{F_{i,\ h+1}-F_{i,\ h}}{2} \tag{3.35}$$

$$\rho(x_{ij}-Y)=\left|x_{ij}-\frac{F_{i,\ h-1}+F_{i,\ h+2}}{2}\right|-\frac{F_{i,\ h+2}-F_{i,\ h-1}}{2} \tag{3.36}$$

式(3.36)中，当 $h=1$ 时，令 $F_{i,\ h-1}=F_{i,\ h}$；当 $h=H$ 时，令 $F_{i,\ h+2}=F_{i,\ H}$。

③ 当样本 j 的指标 i 落入讨论等级标准 h 的其他等级（对应可拓集合负域 $\overline{Y}$）内时，

其与标准等级 h 的关系为对立，且对应联系隶属度为

$$\boldsymbol{v}_h(x_{ij})=-1 \tag{3.37}$$

步骤 4：根据联系隶属度按式(3.38)、(3.39)进行变换处理，构造可变模糊相对隶属度：

$$\mu_h'(x_{ij})=\frac{\boldsymbol{v}_h(x_{ij})-\min\boldsymbol{v}_h(x_{ij})}{\max\boldsymbol{v}_h(x_{ij})-\min\boldsymbol{v}_h(x_{ij})} \tag{3.38}$$

$$\mu_h(x_{ij})=\frac{\mu_h'(x_{ij})}{\sum_{h=1}^{H}\mu_h'(x_{ij})} \tag{3.39}$$

步骤 5：确定权重向量 $\boldsymbol{W}=(w_i)$。

步骤 6：按式(3.40)、(3.41)计算综合相对隶属度：

$$u_h'=\left(1+\left\{\frac{\sum_{i=1}^{m}\left[w_i(x_i)\left(1-\mu_h(x_i)\right)\right]^{\varphi}}{\sum_{i=1}^{m}\left(w_i(x_i)\mu_h(x_i)\right)^{\varphi}}\right\}^{\frac{\sigma}{\varphi}}\right)^{-1} \tag{3.40}$$

$$u_h=\frac{u_h'}{\sum_{h=1}^{H}u_h'} \tag{3.41}$$

式中，σ 为优化标准参数，$\sigma=1$ 为最小一乘方准则，$\sigma=2$ 为最小二乘方准则；φ 为距离参数，$\varphi=1$ 为海明距离，$\varphi=2$ 为欧氏距离。σ，φ 称为可变模糊模型参数，通常有 4 种组合：$\sigma=1$，$\varphi=1$；$\sigma=1$，$\varphi=2$；$\sigma=2$，$\varphi=1$；$\sigma=2$，$\varphi=2$。

步骤 7：计算样本的评价等级特征值：

$$h^*=\sum_{h=1}^{H}h\cdot u_h \tag{3.42}$$

步骤 8：计算 4 种模型参数组合下 h^* 的简单算术平均值 $\overline{h^*}$。

步骤 9：依据 $\overline{h^*}$，结合评价等级判断准则的二元语义方法，确定样本的评价等级。

对任意的 $\overline{h^*}\in[1,H]$，有[135-137]

$$\tau(\overline{h^*})=(q_s,\Delta_{js})\in Q\times[-0.5,0.5) \tag{3.43}$$

式中，Q ——评价等级集合 $Q=\{q_1,q_2,\cdots,q_H\}$；

q_s ——第 s 个评价等级；

s ——实际评价等级，$s=\mathrm{Round}(\overline{h^*})$；

Δ_{js} ——评价等级特征值 $\overline{h^*}$ 与 s 的偏差值，$\Delta_{js}=\overline{h^*}-s$。

于是，根据式(3.43)确定样本所属评价等级。

三、实例应用及分析

1. 实例应用

为验证可变模糊评价新方法的可行性和有效性，以文献[133]和[138]中旅游安全预警统计数据为例进行实例计算分析。

旅游安全预警指标体系包括主客观文化冲突潜在指数(O_1)、居民消费价格指数上涨率(O_2)、社会实际失业率(O_3)、旅游设施使用饱和度(O_4)、旅游交通安全状况(O_5)、政治稳定度(O_6)、社会治安稳定度(O_7)、暴发瘟疫流行性疾病频率(O_8)、自然灾害爆发频率(O_9)、水文气象灾害爆发频率(O_{10})等10项指标，相应的旅游安全预警级别划分为4级，即Ⅰ级(安全)、Ⅱ级(较安全)、Ⅲ级(一般安全)、Ⅳ级(不安全)，对应的预警信号分别为绿色(表示旅游者可放心前往旅游地进行旅游活动)、蓝色(表示旅游地安全度较高，安全隐患和爆发小规模安全事故的可能性存在，但发生概率较小且有相应的应对措施可补救)、橙色(表示旅游地旅游环境存在一定的安全风险，有潜在的旅游安全事故发生的现实概率，但此类安全事故的影响面可以控制在一定的范围之内，旅游者必须对安全隐患有知识储备，否则不鼓励旅游者进入)、红色(表示旅游地有爆发严重旅游安全事故的现实可能，这样的事故一旦发生，将对旅游者和旅游环境产生灾难性打击，此时应杜绝旅游者前往该地，并对正在本地旅行的游客进行疏散和迁移)。旅游安全预警警戒值和报警判别模式见表3-7，待预警样本数据见表3-8。

由表3-7、表3-8，根据式(3.30)、(3.31)、(3.32)确定旅游安全预警指标的经典域、节域、待评价样本物元(此处以样本1为例对评价过程进行说明，故仅列出样本1对应的待评价物元，其余样本类同)分别为

$$\boldsymbol{R}_1=\begin{bmatrix} N_1 & O_1 & \langle 0,\ 0.1\rangle \\ & O_2 & \langle 0,\ 0.05\rangle \\ & O_3 & \langle 0,\ 0.05\rangle \\ & O_4 & \langle 0.8,\ 1\rangle \\ & O_5 & \langle 0.45,\ 1\rangle \\ & O_6 & \langle 0.7,\ 1\rangle \\ & O_7 & \langle 0.7,\ 1\rangle \\ & O_8 & \langle 0,\ 0.1\rangle \\ & O_9 & \langle 0,\ 0.1\rangle \\ & O_{10} & \langle 0,\ 0.1\rangle \end{bmatrix},\ \boldsymbol{R}_2=\begin{bmatrix} N_2 & O_1 & \langle 0.1,\ 0.2\rangle \\ & O_2 & \langle 0.05,\ 0.1\rangle \\ & O_3 & \langle 0.05,\ 0.06\rangle \\ & O_4 & \langle 0.7,\ 0.8\rangle \\ & O_5 & \langle 0.35,\ 0.45\rangle \\ & O_6 & \langle 0.6,\ 0.7\rangle \\ & O_7 & \langle 0.6,\ 0.7\rangle \\ & O_8 & \langle 0.1,\ 0.2\rangle \\ & O_9 & \langle 0.1,\ 0.15\rangle \\ & O_{10} & \langle 0.1,\ 0.15\rangle \end{bmatrix}$$

表 3-7　　预警警戒值和报警判别模式

安全级别	预警指标										预警信号
	主客观文化冲突潜在指数	居民消费价格指数上涨率	社会实际失业率	旅游设施使用饱和度	旅游交通安全状况	政治稳定度	社会治安稳定度	爆发瘟疫流行性疾病频率	自然灾害爆发频率	水文气象灾害爆发频率	
Ⅰ级(安全)	[0.0,0.1]	[0.0,0.05]	[0.0,0.05]	[0.8,1.0]	[0.45,1.0]	[0.7,1.0]	[0.7,1.0]	[0.0,0.1]	[0.0,0.1]	[0.0,0.1]	绿
Ⅱ级(较安全)	[0.1,0.2]	[0.05,0.1]	[0.05,0.06]	[0.7,0.8]	[0.35,0.45]	[0.6,0.7]	[0.6,0.7]	[0.1,0.2]	[0.1,0.15]	[0.1,0.15]	蓝
Ⅲ级(一般安全)	[0.2,0.3]	[0.1,0.2]	[0.06,0.08]	[0.6,0.7]	[0.25,0.35]	[0.5,0.6]	[0.5,0.6]	[0.2,0.3]	[0.15,0.2]	[0.15,0.2]	橙
Ⅳ级(不安全)	[0.3,1.0]	[0.2,1.0]	[0.08,1.0]	[0.0,0.6]	[0.0,0.25]	[0.0,0.5]	[0.0,0.5]	[0.3,1.0]	[0.2,1.0]	[0.2,1.0]	红

表 3-8　　待预警样本数据

样本	主客观文化冲突潜在指数	居民消费价格指数上涨率	社会实际失业率	旅游设施使用饱和度	旅游交通安全状况	政治稳定度	社会治安稳定度	爆发瘟疫流行性疾病频率	自然灾害爆发频率	水文气象灾害爆发频率
1	0.12	0.03	0.02	0.96	0.45	0.75	0.73	0.04	0.06	0.09
2	0.11	0.04	0.04	0.88	0.52	0.62	0.67	0.29	0.11	0.06
3	0.14	0.06	0.05	0.83	0.38	0.68	0.69	0.15	0.11	0.08
4	0.17	0.09	0.08	0.75	0.43	0.65	0.68	0.20	0.16	0.14
5	0.31	0.12	0.07	0.68	0.35	0.52	0.55	0.27	0.18	0.16
6	0.23	0.15	0.09	0.57	0.28	0.58	0.50	0.32	0.21	0.17
7	0.33	0.22	0.12	0.63	0.26	0.47	0.50	0.35	0.20	0.28
8	0.52	0.28	0.15	0.58	0.28	0.41	0.41	0.44	0.23	0.21

$$
\boldsymbol{R}_3=\begin{bmatrix} N_3 & O_1 & <0.2,\ 0.3> \\ & O_2 & <0.1,\ 0.2> \\ & O_3 & <0.06,\ 0.08> \\ & O_4 & <0.6,\ 0.7> \\ & O_5 & <0.25,\ 0.35> \\ & O_6 & <0.5,\ 0.6> \\ & O_7 & <0.5,\ 0.6> \\ & O_8 & <0.2,\ 0.3> \\ & O_9 & <0.15,\ 0.2> \\ & O_{10} & <0.15,\ 0.2> \end{bmatrix},\ \boldsymbol{R}_4=\begin{bmatrix} N_4 & O_1 & <0.3,\ 1> \\ & O_2 & <0.2,\ 1> \\ & O_3 & <0.08,\ 1> \\ & O_4 & <0,\ 0.6> \\ & O_5 & <0,\ 0.25> \\ & O_6 & <0,\ 0.5> \\ & O_7 & <0,\ 0.5> \\ & O_8 & <0.3,\ 1> \\ & O_9 & <0.2,\ 1> \\ & O_{10} & <0.2,\ 1> \end{bmatrix}
$$

$$
\boldsymbol{R}_P=\begin{bmatrix} N & O_1 & <0,\ 1> \\ & O_2 & <0,\ 1> \\ & O_3 & <0,\ 1> \\ & O_4 & <0,\ 1> \\ & O_5 & <0,\ 1> \\ & O_6 & <0,\ 1> \\ & O_7 & <0,\ 1> \\ & O_8 & <0,\ 1> \\ & O_9 & <0,\ 1> \\ & O_{10} & <0,\ 1> \end{bmatrix},\ \boldsymbol{R}=\begin{bmatrix} p_1 & O_1 & 0.12 \\ & O_2 & 0.03 \\ & O_3 & 0.02 \\ & O_4 & 0.96 \\ & O_5 & 0.45 \\ & O_6 & 0.75 \\ & O_7 & 0.73 \\ & O_8 & 0.04 \\ & O_9 & 0.06 \\ & O_{10} & 0.09 \end{bmatrix}
$$

根据式(3.33)~(3.39)构造样本1的联系隶属度、相对隶属度分别为

$$
\boldsymbol{v}_h(x_{i1})=\begin{bmatrix} -0.6 & 0.2 & -0.8 & -1 \\ 0.8 & 0.25 & -1 & -1 \\ 0.8 & -0.6 & -1 & -1 \\ 0.4 & -0.8 & -1 & -1 \\ 0 & 0 & -1 & -1 \\ 0.33 & -0.17 & -1 & -1 \\ 0.2 & -0.12 & -1 & -1 \\ 0.8 & -0.6 & -1 & -1 \\ 0.8 & -0.4 & -1 & -1 \\ 0.2 & -0.1 & -1 & -1 \end{bmatrix},\ \boldsymbol{\mu}_h(x_{i1})=\begin{bmatrix} 0.22 & 0.67 & 0.11 & 0 \\ 0.59 & 0.41 & 0 & 0 \\ 0.82 & 0.18 & 0 & 0 \\ 0.875 & 0.125 & 0 & 0 \\ 0.5 & 0.5 & 0 & 0 \\ 0.616 & 0.384 & 0 & 0 \\ 0.578 & 0.422 & 0 & 0 \\ 0.82 & 0.18 & 0 & 0 \\ 0.752 & 0.248 & 0 & 0 \\ 0.57 & 0.43 & 0 & 0 \end{bmatrix}
$$

权重选取 $\boldsymbol{W}=(0.1567,\ 0.2556,\ 0.1571,\ 0.0192,\ 0.0321,\ 0.0192,\ 0.0198,\ 0.1414,$

0.0773, 0.1215)[133-138]，并根据式(3.40)~(3.43)，计算得到样本1的评价预警结果，如表3-9所示。同理，可以得到样本2~8的评价预警结果，如表3-9所示。

表3-9　　新方法评价预警结果

样本	$\overline{h^*}$	(q_s, Δ_{js})	预警级别(信号)			
			本节方法	TOPSIS方法	可变模糊方法	集对分析-可变模糊方法
1	1.3605	(1, 0.3605)	Ⅰ级(绿)	Ⅰ级(绿)	Ⅰ级(绿)	Ⅰ级(绿)
2	1.6261	(2, -0.3739)	Ⅱ级(蓝)	Ⅱ级(蓝)	Ⅱ级(蓝)	Ⅱ级(蓝)
3	1.7383	(2, -0.2617)	Ⅱ级(蓝)	Ⅱ级(蓝)	Ⅱ级(蓝)	Ⅱ级(蓝)
4	2.4712	(2, 0.4712)	Ⅱ级(蓝)	Ⅱ级(蓝)	Ⅱ级(蓝)	Ⅱ级(蓝)
5	2.9929	(3, -0.0071)	Ⅲ级(橙)	Ⅲ级(橙)	Ⅲ级(橙)	Ⅲ级(橙)
6	3.1705	(3, 0.1705)	Ⅲ级(橙)	Ⅲ级(橙)	Ⅲ级(橙)	Ⅲ级(橙)
7	3.5913	(4, -0.4087)	Ⅳ级(红)	Ⅳ级(红)	Ⅳ级(红)	Ⅳ级(红)
8	3.6773	(4, -0.3227)	Ⅳ级(红)	Ⅳ级(红)	Ⅳ级(红)	Ⅳ级(红)

2. **结果分析**

由表3-9可知，可变模糊等级综合评价新方法评价预警结果与文献中TOPSIS方法、可变模糊方法、集对分析-可变模糊方法的结果完全一致，定量结果与实际情况相符，并且通过可拓关联度与集对分析联系隶属度构造新集对分析联系隶属度，进而计算可变模糊相对隶属度，保证了可变模糊相对隶属度确定的科学性和可靠性，同时通过可变模糊多模型组合评价保证了最终评价预警结果的稳定性，故本节提出的可变模糊等级综合评价新方法是可行且有效的。

四、结论

①基于可拓、集对与二元语义的可变模糊评价方法是对可变模糊评价模型与方法的完善与补充，该方法根据可拓关联度与联系隶属度的内在互补性特点，建立可变模糊相对隶属度，克服了以往凭借经验或物理分析确定相对隶属度为1的点值矩阵的不足，使评价模型更具科学性。

②通过对8组旅游安全预警样本的计算分析，验证了本节可变模糊评价新方法的可行性和有效性，为旅游安全预警问题提供了一种新的更为科学可靠的模型与方法体系。

③变模糊评价方法中"可变性"无疑是其亮点之一，但就目前的研究现状而言，其"可变性"仅体现在模型参数的可变性和权重参数的可变性两个方面[7]，而对于可变模糊集合理论中所提到的时间可变性、空间可变性、条件可变性等尚未见到相关报道，这将是下一步研究的重点和方向。

第六节　考虑后悔行为的变权可变模糊评价方法

传统可变模糊评价方法采用常权思维确定权重，与各类评价问题自身的动态性要求极不匹配，可能会导致评价结果与实际情况存在偏差。而变权方法因其兼顾评价指标状态值的动态可变性，较常权更显科学合理，近年来得到大力推广和应用[139-141]。但变权方法确定权重也存在不足，即评价者在确定每个预警样本的变权权重时仅利用各样本指标值和初始常权直接确定，缺乏与初始常权的动态比较调整机制，其结果将会影响各指标在评价预警过程中作用的真实贡献。源于科学决策的后悔理论[142-146]可以克服变权方法存在的上述不足，它通过计算后悔值和欣喜值，建立变权权重相对于常权权重的动态实时调整机制。综上，本节将后悔理论、变权理论、集对分析-可变模糊方法[134]进行有机结合，提出一种考虑后悔行为的变权可变模糊评价方法，并以旅游安全预警问题为例进行实证分析，以验证该方法的可行性和有效性。

一、变权原理

变权原理[139-141]即指标权重随指标状态值的变化而发生相应变化，以使指标的权重能更好地体现相应指标在评价中的作用。

变权的公理化定义：令 m 为指标因素数，n 为样本数，$\boldsymbol{X}_j=(x_{1j}, x_{2j}, \cdots, x_{mj})$ 为第 $j(j=1, 2, \cdots, n)$ 个样本因素状态向量，$\boldsymbol{W}^{(0)}=(w_1^{(0)}, w_2^{(0)}, \cdots, w_m^{(0)})$ 为常权向量，$\boldsymbol{S}_j(\boldsymbol{X}_j)=(S_{1j}(\boldsymbol{X}_j), S_{2j}(\boldsymbol{X}_j), \cdots, S_{mj}(\boldsymbol{X}_j))$ 为第 j 个样本状态变权向量，$\boldsymbol{W}_j(\boldsymbol{X}_j)=(w_{1j}, w_{2j}, \cdots, w_{mj})$ 为第 j 个样本变权向量，则

$$\boldsymbol{W}_j(\boldsymbol{X}_j)=\frac{\boldsymbol{W}^{(0)}\boldsymbol{S}_j(\boldsymbol{X}_j)}{\sum_{k=1}^{m} w_k\ (0) S_{kj}(\boldsymbol{X}_j)} \tag{3.44}$$

令 $\boldsymbol{S}_j(\boldsymbol{X}_j)=(x_{1j}^{\alpha-1}, x_{2j}^{\alpha-1}, \cdots, x_{mj}^{\alpha-1})$[141]，则有

$$w_{ij}(x_{ij})=\frac{w_i^{(0)} x_{ij}^{\alpha-1}}{\sum_{k=1}^{m} w_k^{(0)} x_{kj}^{\alpha-1}} \tag{3.45}$$

式中，α——变权因子；$i=1, 2, \cdots, m$。

进而，取 $\alpha=1/2$[141]，得到变权公式为

$$w_{ij}(x_{ij})=\frac{w_i^{(0)} x_{ij}^{-\frac{1}{2}}}{\sum_{k=1}^{m} w_k^{(0)} x_{kj}^{-\frac{1}{2}}} \tag{3.46}$$

二、后悔理论

BELL[142]、LOOMES[143]等提出了后悔理论，为综合考虑决策者行为的科学决策提供

了理论基础。后悔理论核心思想[142-144]：决策者在决策过程中将自己意向选择方案的结果与其他方案能获得的结果进行比较，若发现选择其他方案可能够获得更好的结果，则感到后悔；反之，则感到欣喜。后悔理论因其具有能够规避后悔、实现方案优选的机制，在决策科学领域备受瞩目[145-146]。

变权权重确定问题本质上属于决策科学范畴，在根据实际问题样本数据及常权确定对应变权时，也应将评价者行为考虑其中，借鉴后悔理论思想，建立变权与常权的动态比较机制。

根据后悔理论，计算样本 $A_j(j=1,\ 2,\ \cdots,\ n)$ 在指标 $O_i(i=1,\ 2,\ \cdots,\ m)$ 的变权值 $w_{ij}(x_{ij})$ 相对于 $w_i^{(0)}$ 的后悔值 R_{ij} 和欣喜值 G_{ij} 分别为

$$R_{ij}=\begin{cases}1-\exp(-\gamma(w_{ij}(x_{ij})-w_i^{(0)})), & w_{ij}(x_{ij})<w_i^{(0)}\\ 0, & w_{ij}(x_{ij})\geqslant w_i^{(0)}\end{cases} \tag{3.47}$$

$$G_{ij}=\begin{cases}1-\exp(-\gamma(w_{ij}(x_{ij})-w_i^{(0)})), & w_{ij}(x_{ij})\geqslant w_i^{(0)}\\ 0, & w_{ij}(x_{ij})<w_i^{(0)}\end{cases} \tag{3.48}$$

式中，γ——决策者的后悔规避系数，$\gamma>0$ 且 γ 值越大表明后悔规避程度越大。

进而，可建立各样本指标权重的后悔值矩阵 $\boldsymbol{R}=[R_{ij}]_{m\times n}$ 和欣喜值矩阵 $\boldsymbol{G}=[G_{ij}]_{m\times n}$。

三、考虑后悔行为的变权可变模糊评价方法

考虑后悔行为的变权可变模糊评价方法总体思路：首先根据安全评价问题各样本数据及初始常权向量构造其对应的变权向量；然后计算变权向量相对于常权向量的后悔值、欣喜值，并据此对变权向量进行调整；最后根据调整后的变权向量，结合集对分析-可变模糊模型和二元语义方法，确定评价问题所属评价等级。具体方法步骤如下：

步骤 1：确定常权向量 $\boldsymbol{W}^{(0)}$。

步骤 2：根据各评价样本数据，结合 $\boldsymbol{W}^{(0)}$，利用式(3.46)，确定各样本变权向量 $\boldsymbol{W}_j(\boldsymbol{X}_j)$。

步骤 3：根据式(3.47)、(3.48)计算变权向量相对于常权向量的后悔值矩阵 $\boldsymbol{R}$、欣喜值矩阵 $\boldsymbol{G}$。

步骤 4：根据 $\boldsymbol{R}$ 或 $\boldsymbol{G}$ 调整变权向量 $\boldsymbol{W}_j(\boldsymbol{X}_j)$，即当指标的后悔值 $R_{ij}<0$（或欣喜值 $G_{ij}=0$）时，对应指标权重值调整回常权值；反之，当指标的后悔值 $R_{ij}=0$（或欣喜值 $G_{ij}>0$）时，不做调整。得到调整后的变权向量 $\boldsymbol{W}_j'(\boldsymbol{X}_j)$，并对其进行归一化处理，得到最终变权向量 $\boldsymbol{W}_j''(\boldsymbol{X}_j)$。

步骤 5：确定评价问题的预警指标和等级标准集。

步骤 6：令 C 为划分评价等级数，计算第 j 个样本的第 i 个预警指标的第 $h(h=1,\ 2,\ \cdots,\ C)$ 等级的集对模糊联系度[133-134]：

$$\mu_{ijh}=\begin{cases}1-2\left|\dfrac{M_{i,h-1}-x_{ij}}{M_{i,h-1}-M_{i,h-2}}\right|, & x_{ij}\text{落在相邻标准集 }h-1\text{ 内}\\ 1, & x_{ij}\text{落在讨论集 }h\text{ 内}\\ 1-2\left|\dfrac{x_{ij}-M_{i,h}}{M_{i,h+1}-M_{i,h}}\right|, & x_{ij}\text{落在相邻标准集 }h+1\text{ 内}\\ -1, & x_{ij}\text{落在其他标准集内}\end{cases} \tag{3.49}$$

式中，x_{ij}——第 j 个样本的第 i 个预警指标数值；

$M_{i,h}$——第 i 个预警指标的第 h 等级的界限值。

步骤 7：根据 $\boldsymbol{W}_j''(\boldsymbol{X}_j)$，计算第 j 个样本的第 h 等级的相对差异度：

$$\mu_{jh}=\sum_{i=1}^{m} w_{ij}''\mu_{ijh} \tag{3.50}$$

步骤 8：计算第 j 个样本的第 h 等级的相对隶属度：

$$r_{jh}=\frac{1+\mu_{jh}}{2} \tag{3.51}$$

步骤 9：计算第 j 个样本的评价等级特征值：

$$h_j^*=\sum_{h=1}^{C} h\cdot\left|\frac{r_{jh}}{\sum_{z=1}^{C} r_{jz}}\right| \tag{3.52}$$

步骤 10：根据 h_j^*，结合二元语义等级判断准则，确定样本的评价等级。

对任意的 $h_j^*\in[1,C]$，有二元语义[136] $\tau(h_j^*)$：

$$\tau(h_j^*)=(c_s,\Delta_{js})\in V\times[-0.5,0.5) \tag{3.53}$$

式中，V——评价等级集合，$V=\{c_1,c_2,\cdots,c_C\}$；

c_s——第 s 个评价等级；

s——实际评价等级，$s=\mathrm{Round}(h_j^*)$；

Δ_{js}——评价等级特征值 h_j^* 与 s 的偏差值，$\Delta_{js}=h_j^*-s$。

因此，可根据式(3.53)确定评价样本所属评价等级。

四、实例分析

1. 实例计算

为验证考虑后悔行为的变权可变模糊评价方法的可行性和有效性，以文献[134]中的旅游安全预警问题为例进行实例计算。旅游安全预警警戒值和报警判别模式见表 3-7，待预警样本数据见表 3-8，于是有 $m=10$，$n=8$。

常权向量为 $\boldsymbol{W}^{(0)}=(0.1567, 0.2556, 0.1571, 0.0192, 0.0321, 0.0192, 0.0198, 0.1414, 0.0773, 0.1215)$[134]。

可计算各预警样本的变权向量 $\boldsymbol{W}_j(\boldsymbol{X}_j)$，如 $\boldsymbol{W}_1(\boldsymbol{X}_1)=(0.0988, 0.3223, 0.2426, 0.0043, 0.0104, 0.0048, 0.0051, 0.1544, 0.0689, 0.0884)$，同理可以得到 $\boldsymbol{W}_j(\boldsymbol{X}_j)$ $(j=2, 3, 4, 5, 6, 7, 8)$。

由于不同后悔规避系数仅对后悔程度或欣喜程度产生影响[145-146]，而对于后悔或欣喜感知结果不产生影响，故后悔规避系数 γ 可取大于 0 的任意值，不妨取 $\gamma=0.2$，计算各预警样本指标权重的后悔值矩阵 $\boldsymbol{R}$ 和欣喜值矩阵 $\boldsymbol{G}$ 如下：

$$
\boldsymbol{R}=\begin{bmatrix}
-0.01165 & -0.00539 & -0.00608 & -0.00361 & -0.00888 & -0.00369 & -0.00481 & -0.00842 \\
0 & 0 & 0 & 0 & 0 & 0 & 0 & -0.00006 \\
0 & 0 & 0 & 0 & 0 & 0 & 0 & 0 \\
-0.00298 & -0.00272 & -0.00256 & -0.00222 & -0.00198 & -0.00168 & -0.00148 & -0.00118 \\
-0.00435 & -0.00399 & -0.00329 & -0.00284 & -0.00208 & -0.00128 & -0.0003 & 0 \\
-0.00288 & -0.0025 & -0.00244 & -0.0021 & -0.00172 & -0.0017 & -0.00112 & -0.00068 \\
-0.00294 & -0.00264 & -0.00252 & -0.0022 & -0.00182 & -0.0016 & -0.00124 & -0.0007 \\
0 & -0.01396 & -0.00626 & -0.00521 & -0.00654 & -0.00715 & -0.00503 & -0.00576 \\
-0.00168 & -0.00266 & -0.00138 & -0.00136 & -0.0009 & -0.00118 & 0 & 0 \\
-0.00664 & 0 & 0 & -0.0006 & -0.00002 & 0 & -0.00196 & 0
\end{bmatrix}
$$

$$
\boldsymbol{G}=\begin{bmatrix}
0 & 0 & 0 & 0 & 0 & 0 & 0 & 0 \\
0.0133 & 0.0189 & 0.0118 & 0.011 & 0.0078 & 0.0047 & 0.0019 & 0 \\
0.017 & 0.0117 & 0.0109 & 0.0091 & 0.0159 & 0.0128 & 0.0126 & 0.0114 \\
0 & 0 & 0 & 0 & 0 & 0 & 0 & 0 \\
0 & 0 & 0 & 0 & 0 & 0 & 0 & 0 \\
0 & 0 & 0 & 0 & 0 & 0 & 0 & 0 \\
0 & 0 & 0 & 0 & 0 & 0 & 0 & 0 \\
0.0026 & 0 & 0 & 0 & 0 & 0 & 0 & 0 \\
0 & 0 & 0 & 0 & 0 & 0 & 0.0014 & 0.0016 \\
0 & 0.0029 & 0.0016 & 0 & 0 & 0.0006 & 0 & 0.0037
\end{bmatrix}
$$

根据 $\boldsymbol{R}$ 或 $\boldsymbol{G}$ 调整 $\boldsymbol{W}_j(\boldsymbol{X}_j)$，得到 $\boldsymbol{W}_j'(\boldsymbol{X}_j)$，并对其进行归一化处理，得到 $\boldsymbol{W}_j''(\boldsymbol{X}_j)$，如 $\boldsymbol{W}_1''(\boldsymbol{X}_1)=(0.1345, 0.2766, 0.2082, 0.0165, 0.0276, 0.0165, 0.0169, 0.1325, 0.0664, 0.1043)$，同理可以得到 $\boldsymbol{W}_j''(\boldsymbol{X}_j)$ $(j=2, 3, 4, 5, 6, 7, 8)$。

根据 $\boldsymbol{W}_j''(\boldsymbol{X}_j)$，利用式(3.50)~(3.52)，计算各预警样本的等级特征值，见表 3-10。

最后，根据式(3.53)计算各样本的二元语义，并据此确定其预警级别和预警信号，结果见表 3-10。

2. 结果分析

由表3-10 可知，考虑后悔行为的变权可变模糊方法所得各样本预警级别、预警信号

表 3-10　预警结果

样本	考虑后悔行为的变权				基本变权				常权[134]			
	h_j^*	(c_s, Δ_{js})	预警级别（信号）	安全程度排序	h_j^*	(c_s, Δ_{js})	预警级别（信号）	安全程度排序	h_j^*	(c_s, Δ_{js})	预警级别（信号）	安全程度排序
1	1.4196	（1，0.4196）	Ⅰ级（绿）	1	1.4080	（1，0.4080）	Ⅰ级（绿）	1	1.4337	（1，0.4337）	Ⅰ级（绿）	1
2	1.7971	（2，−0.2029）	Ⅱ级（蓝）	3	1.6391	（2，−0.3609）	Ⅱ级（蓝）	2	1.8073	（2，−0.1927）	Ⅱ级（蓝）	3
3	1.7101	（2，−0.2899）	Ⅱ级（蓝）	2	1.6917	（2，−0.3083）	Ⅱ级（蓝）	3	1.7244	（2，−0.2756）	Ⅱ级（蓝）	2
4	2.4298	（2，0.4298）	Ⅱ级（蓝）	4	2.5596	（3，−0.4404）	Ⅲ级（橙）	4	2.3953	（2，0.3953）	Ⅱ级（蓝）	4
5	2.9763	（3，−0.0237）	Ⅲ级（橙）	5	2.9498	（3，−0.0502）	Ⅲ级（橙）	5	2.9852	（3，−0.0148）	Ⅲ级（橙）	5
6	3.1807	（3，0.1807）	Ⅲ级（橙）	6	3.1731	（3，0.1731）	Ⅲ级（橙）	6	3.0000	（3，0.0000）	Ⅲ级（橙）	6
7	3.5025	（4，−0.4975）	Ⅳ级（红）	7	3.5040	（4，−0.4960）	Ⅳ级（红）	7	3.5019	（4，−0.4981）	Ⅳ级（红）	7
8	3.5230	（4，−0.4770）	Ⅳ级（红）	8	3.5194	（4，−0.4806）	Ⅳ级（红）	8	3.5236	（4，−0.4764）	Ⅳ级（红）	8

与文献[134]中常权可变模糊方法下的预警结果一致，与未考虑后悔行为的基本变权可变模糊方法下预警结果除了样本4外也基本一致。对于样本4，文献[134]中常权可变模糊方法及本书方法得到的预警等级为Ⅱ级，对应的预警信号为蓝色；未考虑后悔行为的基本变权可变模糊方法得到的预警等级则为Ⅲ级，对应的预警信号为橙色。通过分析不难发现，导致基本变权可变模糊方法下样本4预警等级为橙色的主要原因在于对社会实际失业率指标激励过大，对旅游设施使用饱和度、旅游交通安全状况、政治稳定度、社会治安稳定度及暴发瘟疫流行性疾病频率等指标惩罚过大；而考虑后悔行为的变权可变模糊方法下通过计算变权相对于常权的后悔值，除了对居民消费价格指数上涨率和社会实际失业率两项指标得到的变权感到欣喜保留外，对于其余8项指标得到的变权均感到后悔而调整，从而确定变权向量，这更符合科学评价中主客观综合及动态可变性的内在要求。

由表3-10进一步分析可知，考虑后悔行为的变权可变模糊方法下各预警样本对应的二元语义分别为(1，0.4196)、(2，-0.2029)、(2，-0.2899)、(2，0.4298)、(3，-0.0237)、(3，0.1807)、(4，-0.4975)、(4，-0.477)，据此可以得到样本1~8的安全程度优劣排序为1，3，2，4，5，6，7，8，与常权可变模糊方法下所得安全程度优劣排序相一致，而未考虑后悔行为的基本变权可变模糊方法下样本1~8的安全程度优劣排序则为1，2，3，4，5，6，7，8，即样本2和样本3的安全程度优劣排序发生了变化。究其原因，样本2对于暴发瘟疫流行性疾病频率指标惩罚过大，对居民消费价格指数上涨率、社会实际失业率及水文气象灾害爆发频率等指标激励过大，致使在基本变权可变模糊方法下出现样本2较样本3安全程度更优的不合理结果。而在考虑后悔行为下，变权可变模糊方法仅对居民消费价格指数上涨率、社会实际失业率和水文气象灾害爆发频率的指标得到的变权感到欣喜并保留外，对于其余7项指标得到的变权均感到后悔而调整，从而避免了对各指标激励惩罚过大或过小等不合理状况的出现，从而得到样本3较样本2安全程度更优的结果。

虽然考虑后悔行为的变权可变模糊方法预警结果、安全程度优劣排序与常权可变模糊方法基本一致，但各样本级别特征值也存在一定差异，即本书方法所得样本1，2，3，5，8的级别特征值较常权可变模糊方法小，样本4，6，7的级别特征值较常权可变模糊方法大，这表明考虑后悔行为的变权可变模糊方法更能体现各指标在评价预警过程中作用的真实贡献。针对旅游安全预警问题，只要存在一个指标值太低，即使该指标的重要性最低，其级别特征值也将减小；若存在一个指标值较高，其级别特征值也将增大。而常权可变模糊方法则不具有此效果，即克服了指标值的不可转移特性。

五、小结

①考虑后悔行为的变权可变模糊方法与常权及基本变权可变模糊方法相比，具有如

下两个明显特点：第一，充分考虑待预警样本在不同时空条件下各指标取值的差异变动情况，克服了常权思想的缺陷，符合动态评价预警的客观需求；第二，根据后悔理论建立变权与常权的动态比较机制，弥补了基本变权可变模糊方法下各评价预警指标激励/惩罚过大或过小的不足，保证了各指标在评价预警过程中作用的真实贡献程度，使评价预警结果更趋合理。

②考虑后悔行为的变权可变模糊方法下 8 组样本的旅游安全预警级别依次为Ⅰ、Ⅱ、Ⅱ、Ⅱ、Ⅲ、Ⅲ、Ⅳ、Ⅳ级，对应发出绿、蓝、蓝、蓝、橙、橙、红、红色预警信号，而且依据对应的二元语义，还可得到各样本安全程度优劣排序依次为 1，3，2，4，5，6，7，8，这与实际情况相符。

第七节　加权可变模糊评价方法

可变模糊评价是可变模糊集理论在实际评价工作中的具体应用和体现。可变模糊评价方法凭借模型及其参数的可变性，可以获得稳定、可靠的评价结果，不仅克服了单一评价方法评价结果的片面性和不一致性，而且增加了评价工作的可靠性和可信性。目前，可变模糊评价通常以 4 种常用模型得到的级别特征值的均值为依据，从而实现对样本的评价[52-90]。因此，可变模糊评价的实质是多模型组合评价。这种评价由于未考虑各模型对最终综合级别特征值的贡献程度，即权重，而使最终评价结果缺乏客观性。为此，基于组合评价的思想，提出一类新的考虑模型权重的可变模糊评价方法——加权可变模糊评价方法，以期使可变模糊评价更具客观合理性。

该方法首先利用可变模糊评价模型对样本进行计算，得到样本在不同模型下的综合相对隶属度和级别特征值；然后，基于得到的综合相对隶属度（对于单一样本对象）或级别特征值（对于多样本对象）数据求得 4 种模型的权重，进而得到最终综合级别特征值，并以此作为系统安全评价的依据。

本节首先根据待评价样本数目，研究了单一样本对象和多样本对象两种不同情况下模型权重的确定方法。然后，在分析传统可变模糊综合评价方法的基础上，针对其存在的不足，提出了 3 种新的加权可变模糊评价方法：单一样本加权可变模糊评价方法；多样本加权可变模糊评价方法；加权多层次可变模糊评价方法。最后，以煤与瓦斯突出事故发生的严重程度评价、煤矿安全生产状况评价以及尾矿库溃坝风险评价为例进行了方法可行性和有效性的验证。

一、模型权重确定方法

模型权重的确定是加权可变模糊评价方法的关键所在，本节分别针对单一样本对象和多样本对象两种情况下的模型权重的计算方法进行研究。

1. 二元比较模糊决策分析方法[7, 147]

设系统有待进行重要性比较的目标(指标)集为

$$P=\{p_1, p_2, \cdots, p_m\} \tag{3.54}$$

式中，p_i——系统目标集中的目标，$i=1, 2, \cdots, m$；

m——目标总数。

研究目标集 P 中元素就“重要性”进行二元比较的定性排序。

定义 3.1　目标集中的元素 p_k 与 p_l 作二元比较，若

① p_k 比 p_l 重要，则排序标度 $e_{kl}=1$，$e_{lk}=0$；

② p_k 与 p_l 同样重要，则 $e_{kl}=0.5$，$e_{lk}=0.5$；

③ p_l 比 p_k 重要，则 $e_{kl}=0$，$e_{lk}=1$。

其中，$k=1, 2, \cdots, m$；$l=1, 2, \cdots, m$。

定义 3.2　设系统有目标集关于重要性的二元比较矩阵

$$\boldsymbol{E}=\begin{bmatrix} e_{11} & e_{12} & \cdots & e_{1m} \\ e_{21} & e_{22} & \cdots & e_{2m} \\ \vdots & \vdots & & \vdots \\ e_{m1} & e_{m2} & \cdots & e_{mm} \end{bmatrix}=(e_{kl}) \tag{3.55}$$

满足

$$\begin{cases} e_{kl}\text{仅在 } 0, 0.5, 1 \text{ 中取值} \\ e_{kl}+e_{lk}=1 \\ e_{kk}=e_{ll}=0.5 \end{cases} \tag{3.56}$$

$\boldsymbol{E}$ 称为目标集二元比较重要性排序标度矩阵。

定理 3.1　目标集二元比较重要性排序标度矩阵 $\boldsymbol{E}$ 为排序一致性标度矩阵的必要且充分条件为

$$\begin{cases} \text{若 } e_{hk}>e_{hl}, & \text{有 } e_{lk}>e_{kl}; \\ \text{若 } e_{hk}<e_{hl}, & \text{有 } e_{lk}>e_{kl}; \\ \text{若 } e_{hk}=e_{hl}=0.5, & \text{有 } e_{lk}=e_{kl}=0.5 \end{cases} \tag{3.57}$$

式中，$h=1, 2, \cdots, m$。

定理 3.1 是重要性概念模糊量化理论的基础，根据它可得到检验矩阵 $\boldsymbol{E}$ 为排序一致性标度矩阵的 4 条简单规则：

①若 $e_{hk}>e_{hl}$，则 $e_{kl}=0$；

②若 $e_{hk}<e_{hl}$，则 $e_{kl}=1$；

③若 $e_{hk}=e_{hl}$，则 $e_{kl}=0.5$；

④由定理 3.1，无论 $e_{hk}=e_{hl}=1$，或是 $e_{hk}=e_{hl}=0$，均有 $e_{kl}=1$，0.5 或 0。

推论 3.1 排序一致性标度矩阵 $\boldsymbol{E}$ 各行和数由大到小的排列，给出目标集在满足排序一致性条件下关于重要性的排序。

定义 3.3 设目标集就重要性按推论 3.1 所给的排序作二元比较，若二元比较矩阵

$$\boldsymbol{\beta}=\begin{bmatrix}\beta_{11} & \beta_{12} & \cdots & \beta_{1m}\\ \beta_{21} & \beta_{22} & \cdots & \beta_{2m}\\ \vdots & \vdots & & \vdots\\ \beta_{m1} & \beta_{m2} & \cdots & \beta_{mm}\end{bmatrix}=(\beta_{kl}) \tag{3.58}$$

且满足条件

$$\begin{cases}0\leqslant\beta_{ij}\leqslant 1,\ i\neq j\\ \beta_{ij}+\beta_{ji}=1\\ \beta_{ij}=0.5,\ i=j\end{cases} \tag{3.59}$$

则称矩阵 $\boldsymbol{\beta}$ 为关于重要性的有序二元比较矩阵。式中，β_{ij} 为目标 i 对 j 关于重要性作二元比较时，目标 i 对 j 的重要性模糊标度；β_{ji} 为目标 j 对于 i 的重要性模糊标度；i，j 为排序下标。序号按推论 3.1 矩阵 $\boldsymbol{E}$ 各行和数由大到小的次序排列。

根据有序二元比较矩阵 $\boldsymbol{\beta}$ 构造相及矩阵：

$$\boldsymbol{\varphi}=\begin{bmatrix}1 & \beta_{12}/\beta_{21} & \cdots & \beta_{1m}/\beta_{m1}\\ \beta_{21}/\beta_{12} & 1 & \cdots & \beta_{2m}/\beta_{m2}\\ \vdots & \vdots & & \vdots\\ \beta_{m1}/\beta_{1m} & \beta_{m2}/\beta_{2m} & \cdots & 1\end{bmatrix} \tag{3.60}$$

$$\begin{cases}\varphi_{ij}=\begin{cases}1, & \beta_{ji}<\beta_{ij}\\ \beta_{ij}/\beta_{ji}, & \beta_{ji}\geqslant\beta_{ij}\end{cases}\\ \varphi_{ji}=\begin{cases}1, & \beta_{ij}<\beta_{ji}\\ \beta_{ji}/\beta_{ij}, & \beta_{ij}\geqslant\beta_{ji}\end{cases}\end{cases} \tag{3.61}$$

定理 3.2 由有序二元比较矩阵 $\boldsymbol{\beta}$ 构造的相及矩阵 $\boldsymbol{\varphi}$ 的第一列元素向量

$$\begin{aligned}\boldsymbol{\varphi}&=(\varphi_{11}\quad \varphi_{21}\quad \cdots\quad \varphi_{m1})^{\mathrm{T}}\\ &=(1\quad \beta_{21}/\beta_{12}\quad \cdots\quad \beta_{m1}/\beta_{1m})^{\mathrm{T}}\\ &=\left(1\quad \frac{1-\beta_{12}}{\beta_{12}}\quad \cdots\quad \frac{1-\beta_{1m}}{\beta_{1m}}\right)^{\mathrm{T}}\end{aligned} \tag{3.62}$$

为目标集 P 中的元素对重要性的相对隶属度向量。

根据定义 3.3，重要性有序二元比较矩阵 $\boldsymbol{\beta}$ 的特点为 $m\times m$ 阶方阵，对角线的元素值均为 0.5，它将矩阵分为上、下两个三角：上三角中的元素值从对角线元素值 0.5 开始，每行元素值自左向右递增；下三角中的元素值自对角线元素值 0.5 起始，每行元素自右向左递增。由此特点有

$$0.5=\beta_{11}\leqslant\beta_{12}\leqslant\cdots\leqslant\beta_{1m}\leqslant1.0 \tag{3.63}$$

β_{11}，…，β_{1m}为排序第 1 位的目标与本身与排序 2，…，m 的目标关于重要性二元比较的模糊标度。

由式(3.63)，表示二元比较重要性程度的两个模糊标度边界值 0.5 与 1.0 对应着两个描述重要性程度的形容词：同样重要与无可比拟重要。自然语言与文字中形容词的本质特点是模糊性，它是人们运用自己的经验、知识对事物进行二元比较的重要手段。为此，陈守煜教授提出关于模糊概念：重要性的 11 个形容词级差，即 11 个形容词级别：同样，稍稍，略为，较为，明显，显著，十分，非常，极其，极端，无可比拟。它们在比较中是逐渐加强的，因此，可以在同样重要的模糊标度 0.5 与无可比拟重要的模糊标度 1.0 之间，以线性变化的模糊标度值分别与不同级别的形容词相对应，如表 3-11 所示。

表 3-11　　模糊语气算子与模糊标度值、相对隶属度关系表

模糊语气算子	模糊标度	相对隶属度
同样	0.50	1.0
	0.525	0.905
稍稍	0.55	0.818
	0.575	0.739
略为	0.6	0.667
	0.625	0.60
较为	0.65	0.538
	0.675	0.481
明显	0.7	0.429
	0.725	0.379
显著	0.75	0.333
	0.775	0.290
十分	0.8	0.25
	0.825	0.212
非常	0.85	0.176
	0.875	0.143
极其	0.9	0.111
	0.925	0.081
极端	0.95	0.053
	0.975	0.026
无可比拟	1.0	0

根据式(3.63)有

$$\varphi_{1i}=\frac{1-\beta_{1i}}{\beta_{1i}} \tag{3.64}$$

式中，β_{1i}——排序第1位目标与第i位目标关于重要性的二元比较模糊标度值；

φ_{1i}——排序第i位的目标对于模糊概念重要性的相对隶属度。

不同级别的形容词实质上是一种模糊语气算子，故表3-11称为模糊语气算子与模糊标度值、相对隶属度关系表。

对重要性的相对隶属度进行归一化，即可得到目标集的权重向量：

$$\begin{aligned}\boldsymbol{W}&=(w_1 \quad w_2 \quad \cdots \quad w_m)\\&=\left(1\Big/\sum_{i=1}^{m}\frac{1-\beta_{1i}}{\beta_{1i}} \quad \frac{1-\beta_{12}}{\beta_{12}}\Big/\sum_{i=1}^{m}\frac{1-\beta_{1i}}{\beta_{1i}} \quad \cdots \quad \frac{1-\beta_{1m}}{\beta_{1m}}\Big/\sum_{i=1}^{m}\frac{1-\beta_{1i}}{\beta_{1i}}\right)\end{aligned} \tag{3.65}$$

二元比较模糊决策分析方法是一种确定指标权重的有效方法[7, 132]，该方法较AHP方法更符合我国的语言及思维习惯。

2. 模糊熵

熵(entropy)是热力学中的一个概念，原意是热量可转变为功的程度。统计物理学重新给予解释：熵是描述分子无规则运动的一种度量。信息熵(information entropy)是信息论中一个非常基本并有重要应用的概念，它描述了一个概率分布的不确定程度。将熵的概念移植到模糊集理论中，则可得到模糊熵(fuzzy entropy)。

一般地，模糊熵是一个非负实函数e：$F(X)\rightarrow\mathbf{R}^+$，且满足如下四条[5, 148]：

① $e(A)=0$当且仅当A是分明集合；

② $e(A)$取最大值当且仅当$A=[1/2]$；

③ 若A^*是A的"分明修改"，即$A^*\leqslant^F A$，则有$e(A^*)\leqslant e(A)$；

④ 模糊集A及其补集A^c的模糊熵相等，即$e(A)=e(A^c)$。

模糊熵描述了一个模糊集合的模糊性程度。一个模糊集合越模糊，它的模糊熵就越大。模糊熵是判别模糊评价方法优劣的主要指标之一，其定义及计算公式众多，本书针对系统安全评价的实际情况，引用文献[5]中的模糊熵计算公式，即

$$E(\underset{\sim}{A})=\frac{1}{\ln[(c-1)^{1-c}c^c]}\sum_{h=1}^{c}\left[-\mu_{\underset{\sim}{A}}(x_h)\ln\left(\mu_{\underset{\sim}{A}}(x_h)\right)-\left(1-\mu_{\underset{\sim}{A}}(x_h)\right)\ln\left(1-\mu_{\underset{\sim}{A}}(x_h)\right)\right] \tag{3.66}$$

式中，c——系统安全状态的级别数目；

$E(\underset{\sim}{A})$——系统安全状态$\underset{\sim}{A}$的模糊熵。

3. 单一样本情况下模型权重的确定

到目前为止，可变模糊评价方法通常是依据4种模型下得到的级别特征值均值来实现对待评价样本进行评价的，而针对4种模型的重要性排序，即哪一种模型更为重要的

问题尚无确定的说法和结论，而且相关研究也未见报道。模糊熵是判断模糊评价方法优劣的主要指标，也是安全等级隶属度向量离散程度的评价指标。模糊熵越小，表明系统安全等级的不确定程度越小且越稳定，隶属度向量就越离散，评价结果就越符合实际。同理，也可以认为模糊熵越小，其对应模型越重要，对最终评价结果的贡献程度越大。因此，可以利用模糊熵来判断 4 种模型的重要性顺序。而二元比较模糊决策分析方法的实质就是对重要性概念进行模糊量化处理的过程，也就是确定各项指标权重的过程。

基于以上分析，本小节针对单一样本对象，提出了一种新的基于模糊熵的二元比较模糊决策分析方法。该方法根据待评价样本对象在 4 种评价模型下得到的综合相对隶属度向量，利用模糊熵确定 4 种评价模型的重要性排序，进而结合二元比较模糊决策分析方法来确定 4 种模型的权重。该方法不仅很好地解决了单一样本条件下 4 种模型权重的确定问题，而且使得二元比较模糊决策分析方法更趋客观合理化。

4. 多样本情况下模型权重的确定

此处采用熵值法[130]来确定各模型的权重。熵值法是经常使用的客观权重确定方法，熵是信息论中测定不确定性的量，信息量越大，不确定性就越小，熵也越小；反之，信息量越小，不确定性就越大，熵也越大。熵值法就是用指标熵值来确定权重。一般地，将评价对象集记为 $\{A_i\}$，用于评价的指标集记为 $\{X_j\}$，用 x_{ij} 表示第 i 个对象第 j 个指标的原始值，熵值法的计算过程如下。

①将 x_{ij} 做正向化处理得到 z_{ij}，并计算第 j 个指标第 i 个对象所占的比例 $p_{ij}=\dfrac{z_{ij}}{\sum\limits_{i=1}^{m} z_{ij}}$。

②计算第 j 个指标的熵值 $e_j=-k\sum\limits_{i=1}^{m} p_{ij}\ln p_{ij}$，其中 $k=\ln m$，m 为评价对象数目。

③计算第 j 个指标的差异系数 $g_j=1-e_j$。

④计算第 j 个指标的权重 $w_j=\dfrac{g_j}{\sum\limits_{j=1}^{n} g_j}$。

二、单一样本加权可变模糊评价方法

1. 方法实现步骤

本节加权可变模糊评价方法中的实现步骤是在第四节中评价步骤的基础上，对第⑦步进行了改进，即按式(3.27)计算样本 j 对级别 h 的综合相对隶属度 ${}_j u'_h$，根据样本在 4 种模型下的综合相对隶属度向量，利用模糊熵判断 4 种模型的优劣，从而确定 4 种模型的重要性排序，进一步结合二元比较模糊决策分析方法求得 4 种模型的权重，再利用线性加权法得到最终综合级别特征值，并根据判断准则公式(3.15)对样本进行综合评价。

2. 应用实例

本节以第四节中煤与瓦斯突出事故发生的严重程度评价为例，取样本 1 的数据来验证加权可变模糊评价方法的可行性和有效性。

首先，根据第四节中计算所得突出危险程度综合相对隶属度向量，利用模糊熵计算公式(3.66)求得各模型的模糊熵，见表 3-12。于是，根据模糊熵值即可确定各模型的重要性由大到小的顺序为：模型四、模型三、模型一以及模型二，见表 3-12。

然后，利用二元比较模糊决策分析方法计算各模型的权重。经过认真考虑，认为模型四与模型三相比属于“同样重要和稍稍重要之间”，与模型一相比属于“明显重要”，与模型二相比属于“显著重要”。应用表 3-11，得到非归一化的各模型的权重向量为

$$\boldsymbol{W}'=(0.429,\ 0.333,\ 0.905,\ 1.0)$$

则归一化后模型的权重向量为

$$\boldsymbol{W}=(0.1609,\ 0.1249,\ 0.3393,\ 0.3749)$$

最后，利用线性加权法计算得到综合级别特征值，记为 H_W，见表 3-12。最终评价结果列于表 3-12。

表 3-12　　　　评价结果

评价模型	突出危险程度综合相对隶属度			模糊熵	模型重要性排序	权重	H	H_W	评价等级
	较弱（1 级）	中等（2 级）	严重（3 级）						
模型一（$\alpha=1,\ p=1$）	0.1099	0.3633	0.5268	0.8868	③	0.1609	2.4169	2.5901	3 级
模型二（$\alpha=1,\ p=2$）	0.1874	0.2826	0.5300	0.9265	④	0.1249	2.3426		
模型三（$\alpha=2,\ p=1$）	0.0184	0.3014	0.6802	0.6968	②	0.3393	2.6618		
模型四（$\alpha=2,\ p=2$）	0.0681	0.1815	0.7504	0.6725	①	0.3749	2.6823		

3. 结果分析

由表 3-12 知，书中改进方法的评价结果与文献[132]以及未改进的可变模糊评价方法的评价结果完全一致，均为 3 级，即该矿属于严重突出危害性矿井。但从最终级别特征值的情况（$H_W=2.5901$，$\bar{H}=2.5258$）可知，加权可变模糊评价方法和未考虑模型权重的可变模糊评价方法相比，仍存在一定的差异，即虽然评价结果均为“3 级”，但偏向于 2 级的程度考虑模型权重的情况要稍小于取均值的情况。出现这种差异的原因是取均值情

况下未考虑各模型对最终评价结果的贡献程度，而既然可变模糊评价的实质就是 4 种模型的组合评价，为了获得更加客观公正的评价结果，就必须考虑各模型的权重。

因此，加权可变模糊评价方法较文献中的方法和取均值情况的可变模糊评价方法更为客观、可靠，符合实际。

三、多样本加权可变模糊评价方法

1. 方法实现步骤

本节加权可变模糊评价方法中的实现步骤是在第四节中评价步骤的基础上，对第⑦步进行了改进，即按式(3.14)计算样本 j 的级别特征值，根据各样本在 4 种模型下的级别特征值，利用熵权法求得 4 种模型的权重，再利用线性加权法得到最终综合级别特征值，并根据判断准则公式(3.15)对样本进行综合评价。

2. 应用实例

以某矿务局下属 4 个煤矿安全生产状况评价[131, 149]为例，对加权可变模糊评价方法进行实例验证。根据目前较常用的煤矿安全评价指标体系及定量划分标准[131]确定评价指标为平均瓦斯涌出量 $X_1/(m^3 \cdot h^{-1})$、瓦斯抽放率 $X_2/\%$、万吨瓦斯超限次数 X_3、万吨瓦斯积聚次数 X_4、万吨瓦斯突出次数 X_5、风量供需比 $X_6/\%$、安全管理分值 X_7、通风设备完好率 $X_8/\%$、粉尘浓度 $X_9/(mg \cdot m^{-3})$、自然发火期 X_{10}等 10 项指标，每项指标均划分为 5 个等级，即Ⅰ级(安全)、Ⅱ级(较安全)、Ⅲ级(一般安全)、Ⅳ级(不安全)、Ⅴ级(很不安全)，具体划分标准见表 3-13。按照有关矿井生产条例以及该局的评价方法规定，得到 4 个煤矿检查数据，见表 3-14。

表 3-13　　分级标准

指标 分级	X_1	X_2	X_3	X_4	X_5	X_6	X_7	X_8	X_9	X_{10}
Ⅰ级	0~4	80~70	0~0.05	0~0.05	0~0.005	100~95	95~85	95~85	0~4	9~7
Ⅱ级	4~6	70~60	0.05~0.1	0.05~0.1	0.005~0.01	95~90	85~75	85~75	4~6	7~5
Ⅲ级	6~8	60~50	0.1~0.15	0.1~0.15	0.01~0.015	90~85	75~65	75~65	6~8	5~3
Ⅳ级	8~10	50~40	0.15~0.2	0.15~0.2	0.015~0.02	85~80	65~55	65~55	8~10	3~1
Ⅴ级	10~14	40~0	0.2~0.3	0.2~0.25	0.02~0.025	80~0	55~0	55~0	10~12	1~0

表 3-14　　原始数据

编号	X_1	X_2	X_3	X_4	X_5	X_6	X_7	X_8	X_9	X_{10}
1	10.5	65	0.2	0.18	0.0055	88	90	85	8.5	6
2	5	70	0.1	0.12	0.0045	86	84	90	6.5	6.4
3	13	45	0.19	0.21	0.01	83	60	79	10	3.5
4	11	60	0.26	0.19	0.014	82	55	86	9	4

根据表 3-13，式(3.21)、(3.22)、(3.23)可构造参数 $\boldsymbol{I}_{ab}$，$\boldsymbol{I}_{cd}$，$\boldsymbol{M}$ 如下：

$$\boldsymbol{I}_{ab}=\begin{bmatrix} [0,4] & [4,6] & [6,8] & [8,10] & [10,14] \\ [80,70] & [70,60] & [60,50] & [50,40] & [40,0] \\ [0,0.05] & [0.05,0.1] & [0.1,0.15] & [0.15,0.2] & [0.2,0.3] \\ [0,0.05] & [0.05,0.1] & [0.1,0.15] & [0.15,0.2] & [0.2,0.25] \\ [0,0.005] & [0.005,0.01] & [0.01,0.015] & [0.015,0.02] & [0.02,0.025] \\ [100,95] & [95,90] & [90,85] & [85,80] & [80,0] \\ [95,85] & [85,75] & [75,65] & [65,55] & [55,0] \\ [95,85] & [85,75] & [75,65] & [65,55] & [55,0] \\ [0,4] & [4,6] & [6,8] & [8,10] & [10,12] \\ [9,7] & [7,5] & [5,3] & [3,1] & [1,0] \end{bmatrix}$$

$$\boldsymbol{I}_{cd}=\begin{bmatrix} [0,6] & [0,8] & [4,10] & [6,14] & [8,14] \\ [80,60] & [80,50] & [70,40] & [60,0] & [50,0] \\ [0,0.1] & [0,0.15] & [0.05,0.2] & [0.1,0.3] & [0.15,0.3] \\ [0,0.1] & [0,0.15] & [0.05,0.2] & [0.1,0.3] & [0.15,0.25] \\ [0,0.01] & [0,0.015] & [0.005,0.02] & [0.01,0.03] & [0.015,0.025] \\ [100,90] & [100,85] & [95,80] & [90,0] & [85,0] \\ [95,75] & [95,65] & [85,55] & [75,0] & [65,0] \\ [95,75] & [95,65] & [85,55] & [75,0] & [65,0] \\ [0,6] & [0,8] & [4,10] & [6,12] & [8,12] \\ [9,5] & [9,3] & [7,1] & [5,0] & [3,0] \end{bmatrix}$$

$$
\boldsymbol{M}=\begin{bmatrix} 0 & 4.5 & 7 & 9.5 & 14 \\ 80 & 67.5 & 55 & 42.5 & 0 \\ 0 & 0.063 & 0.125 & 0.188 & 0.3 \\ 0 & 0.063 & 0.125 & 0.188 & 0.25 \\ 0 & 0.0063 & 0.0125 & 0.0188 & 0.025 \\ 100 & 93.75 & 87.5 & 81.25 & 0 \\ 95 & 82.5 & 70 & 57.5 & 0 \\ 95 & 82.5 & 70 & 57.5 & 0 \\ 0 & 4.5 & 7 & 9.5 & 12 \\ 9 & 7.5 & 4 & 1.25 & 0 \end{bmatrix}
$$

利用本节提出的加权可变模糊评价方法对上述 4 个样本数据进行评价。

指标权重采用文献[131]、[149]中的权重。经计算得到各样本在 4 种模型下的级别特征值 H，见表 3-15。

基于得到的级别特征值，采用熵权法求得各模型客观权重 $\boldsymbol{W}_m=(0.2177, 0.1484, 0.3580, 0.2760)$。

最后，利用线性加权法计算得到综合级别特征值，记为 H_W，见表 3-15。最终评价结果列于表 3-15。

表 3-15　　级别特征值及评价结果

模型组合	$\alpha=1, p=1$	$\alpha=1, p=2$	$\alpha=2, p=1$	$\alpha=2, p=2$	$\bar{H}$	H_W	评价等级	文献[102]	文献[106]
样本 1	2.9149	2.9878	2.8369	2.9826	2.9305	2.9168	Ⅲ	Ⅲ	Ⅲ
样本 2	2.1012	2.1702	1.9952	2.0115	2.0695	2.0489	Ⅱ	Ⅱ	Ⅱ
样本 3	3.6371	3.4554	3.9961	3.7719	3.7151	3.7762	Ⅳ	Ⅳ	Ⅳ
样本 4	3.6178	3.3593	3.9955	3.7450	3.6794	3.7501	Ⅳ	Ⅳ	Ⅳ

为进行比较，将各样本在 4 种模型下的级别特征值均值 $\bar{H}$ 也列入表 3-15。$\bar{H}$ 与 H_W 的分布情况见图 3-4。

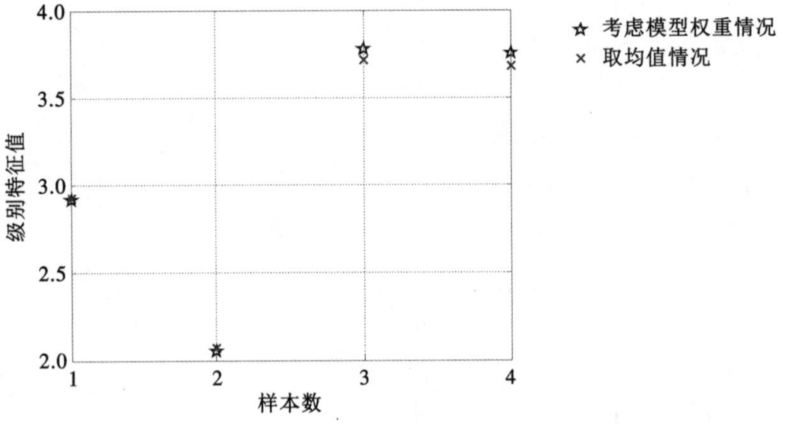

图 3-4　样本级别特征值分布

3. **结果分析**

由表 3-15 知，虽然文献[131]、[149]的评价结果与书中改进方法的评价结果完全一致，但文献[131]中基于熵权的未确知测度模型方法的评价结果是在置信度为 0.6 的条件下确定的，当置信度为其他值时则会出现不同的评价结果，导致评价结果的不一致性。而且文献[131]、[149]中评价方法均为单一评价方法，评价结果往往存在着差异。每一种方法都各有其优缺点，无法说明哪一种方法好或不好，仅采用一种方法进行评价无疑具有一定的片面性，而组合评价则是解决这一问题的有效途径[150-151]。加权可变模糊评价方法，不仅是一种组合评价，而且兼顾了各评价模型的权重因素。

由图 3-4 知，$\bar{H}$，H_W 的分布情况基本一致，而且 4 个样本安全程度由差到好的排序均为 3，4，1，2，这表明两种情况下的评价结果基本一致。但从图 3-4 中不难看出，两种情况仍存在着一定的差异：对样本 1，虽然评价结果均为Ⅲ级，但偏向于Ⅱ级的程度考虑模型权重情况稍大于取均值的情况；对样本 2，虽然评价结果均为Ⅱ级，但偏向于Ⅲ级的程度取均值的情况稍大于考虑模型权重的情况；对样本 3，4，虽然评价结果均为Ⅳ级，但偏向于Ⅲ级的程度取均值的情况稍大于考虑模型权重的情况。出现这种差异的原因是取均值情况下未考虑各模型对最终评价结果的贡献程度，而既然可变模糊评价的实质就是 4 种模型的组合评价，为了获得更加客观公正的评价结果，就必须考虑各模型的权重。

因此，加权可变模糊评价方法较文献中的方法和取均值情况的可变模糊评价方法更为客观、可靠，符合实际。

四、加权多层次可变模糊评价方法

1. 方法思路及实现步骤

参考文献[60]、[61]中，针对系统安全评价问题中常见的多层次多指标评价问题，结合模糊熵理论，提出了一种新的用于系统安全评价的加权多层次可变模糊综合评价方法，如图 3-5 所示。该方法将待评价系统划分为 $m+1$ 层评价系统，每一层分别为一个模糊评价子系统，从第 m 层起，子系统的评价值作为上一层的输入指标，不断重复计算，直至得到安全评价系统的综合评价等级，即级别特征值为止。具体步骤如下。

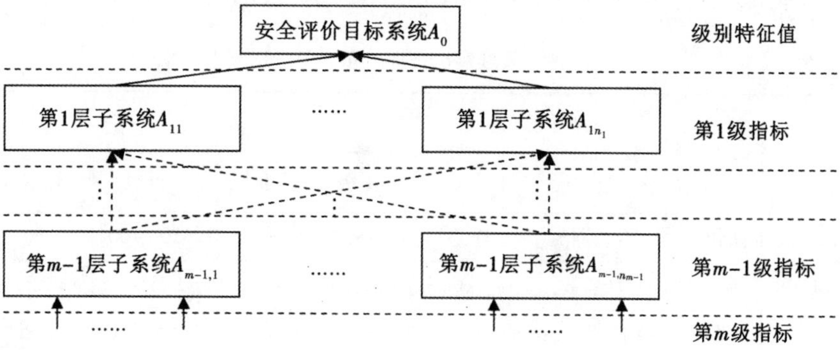

图 3-5　系统安全多层次可变模糊评价示意图

①根据系统安全等级分类情况，确定指标等级分类。

②记 $k=1$：$\alpha=1$，$p=1$，即模型一；$k=2$：$\alpha=1$，$p=2$，即模型二；$k=3$：$\alpha=2$，$p=1$，即模型三；$k=4$：$\alpha=2$，$p=2$，即模型四。令 $k=1$。

③计算第 $m-1$ 层子系统 $A_{m-1,j}(j=1, 2, \cdots, n_{m-1})$ 评价值。按第四节中可变模糊评价方法的步骤①～⑥计算子系统 $A_{m-1,j}$ 对级别 $h(h=1, 2, \cdots, c)$ 的综合相对隶属度向量 $(u_h)_{A_{m-1}}$。

④将步骤③中的 $(u_h)_{A_{m-1}}$ 作为上一层系统 $A_{m-2,j}(j=1, 2, \cdots, n_{m-2})$ 的输入，结合相应的权重向量，按式(3.27)～(3.29)计算得出上一层的评价值。

⑤重复步骤④，即可得到安全评价系统目标层 A_0 对级别 h 的综合相对隶属度，记为 $(u_h)^k_{A_0}$，利用式(3.14)计算系统安全等级级别特征值，记为 H_k。

⑥当 $k<4$ 时，$k=k+1$，转步骤③；否则转步骤⑦。

⑦根据 $(u_h)^k_{A_0}(k=1, 2, 3, 4)$ 和式(3.66)计算 4 种模型的模糊熵，并根据计算得到的模糊熵值确定各个模型的重要性排序。

⑧根据步骤⑦中得到的 4 种模型的重要性排序，并结合二元比较模糊决策分析方法确定四种模型的权重向量，记为 (W_k)。

⑨计算最终加权级别特征值 $H_W=\sum_{k=1}^{4} H_k W_k$，并根据其判断系统安全等级。

加权多层次可变模糊评价方法是对原有多层次可变模糊评价方法的发展与创新，它使得评价结果更趋客观合理化。

2.应用实例

为说明所提新方法的可行性和有效性，选取某尾矿库溃坝风险评价[152]为例对其进行实例验证。

根据溃坝风险因素、溃坝模式以及路径分析，建立了包括漫顶溃坝、失稳溃决、渗流破坏、管理因素以及结构破坏等 5 种溃坝模式 16 种风险评价指标在内的尾矿库溃坝风险评价指标体系，如表 3-16 所示，相应的层次结构模型如图 3-6 所示。

表 3-16　　　　溃坝风险评价指标权重、分级标准、样本

第 1 级指标	权重	第 2 级指标	权重	等级标准区间				样本
				Ⅰ级	Ⅱ级	Ⅲ级	Ⅳ级	
漫顶溃坝	0.1206	防洪标准(年一遇)	0.3333	>500	100~500	50~100	<50	50
		排洪设施能力系数	0.3333	>0.75	0.5~0.75	0.25~0.5	<0.25	0.8
		滩位与库水位高差/m	0.3334	>1.5	1.0~1.5	0.5~1.0	<0.5	1.3
失稳溃决	0.1048	平均粒径/mm	0.3453	>0.5	0.25~0.5	0.05~0.25	<0.05	0.127
		下游坡比/(1/n)	0.2053	>5.0	3.0~5.0	1.0~3.0	<1.0	3
		地震烈度/(°)	0.2441	>8.0	6.5~8.0	5.0~6.5	<5.0	7
		现状坝高/m	0.2053	<20	20~50	50~80	>80	43
渗流破坏	0.0886	堆积容量/($t \cdot m^{-3}$)	0.1667	>2.0	1.7~2.0	1.4~1.7	<1.4	1.7
		浸润线高度/m	0.8333	>8.0	6.5~8.0	5.0~6.5	<5.0	11
管理因素	0.5653	日常管理衡量系数	0.4126	>0.75	0.5~0.75	0.25~0.5	<0.25	0.7
		监测设备完备系数	0.2599	>0.75	0.5~0.75	0.25~0.5	<0.25	0.8
		事故应急衡量系数	0.3275	>0.75	0.5~0.75	0.25~0.5	<0.25	0.9
结构破坏	0.1207	横向裂缝衡量系数	0.1433	>0.75	0.5~0.75	0.25~0.5	<0.25	0.7
		纵向裂缝衡量系数	0.2243	>0.75	0.5~0.75	0.25~0.5	<0.25	0.8
		水平裂缝衡量系数	0.1704	>0.75	0.5~0.75	0.25~0.5	<0.25	0.9
		排洪设施完好系数	0.4620	>0.75	0.5~0.75	0.25~0.5	<0.25	0.9

尾矿库溃坝风险评价等级的划分标准按照尾矿库运行期风险评价等级，根据该尾矿库坝体稳定性、防洪能力以及其他影响因素综合确定，分为 4 个等级，即Ⅰ等库、Ⅱ等库、Ⅲ等库、Ⅳ等库。Ⅰ等库为具备安全运行的条件；Ⅱ等库为存在轻微病害，且正在采取措施予以消除，基本具备安全运行条件；Ⅲ等库为存在重大安全隐患，但尚未达到即将发生溃坝事故的程度，不具备安全运行的基本条件，必须暂时停产治理；Ⅳ等库为存在严重病害，已达到即将发生事故的程度，应由安全生产监督管理部门下令立即停用，并采取紧急措施，防止溃坝事故的发生。

尾矿库溃坝风险评价指标分成 4 个级别，指标体系的具体分级结果见表 3-16。其中，除了现状坝高属于递增型指标外，其余指标均属于递减型指标。

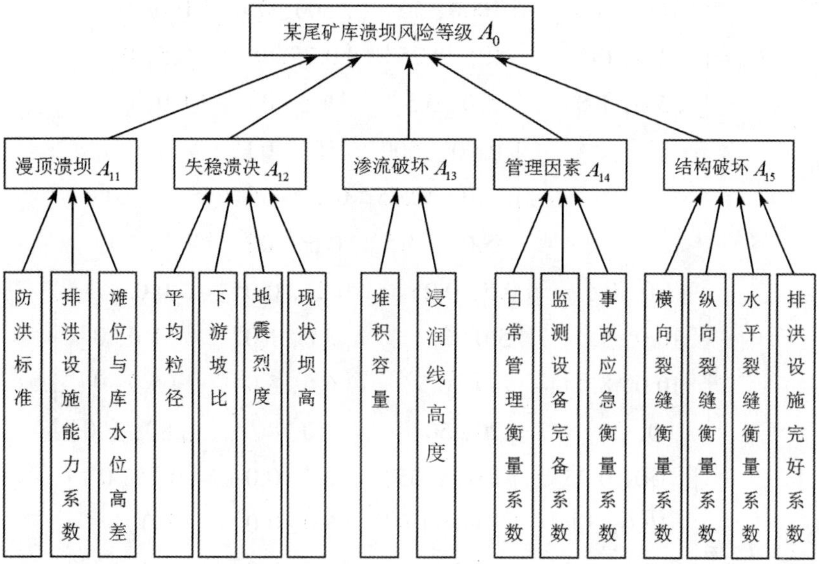

图 3-6　层次结构模型

各级指标的权重仍采用文献[152]中的权重，见表 3-16。

实际观测统计参数样本数据列于表 3-16 中。

利用本节提出的加权多层次可变模糊评价方法对该尾矿库溃坝风险情况进行评价。

此处，尾矿库溃坝风险评价等级分为 4 级，风险评价指标等级分为 4 级，见表 3-16。由表 3-16、图 3-6 知，$m=2$，A_0 为某尾矿库溃坝风险评价，第 1 层共有 5 个子系统，即 A_{11}，A_{12}，A_{13}，A_{14}，A_{15}。其中，A_{11} 子系统有 3 个输入指标，A_{12} 子系统有 4 个输入指标，A_{13} 子系统有 2 个输入指标，A_{14} 子系统有 3 个输入指标，A_{15} 子系统有 4 个输入指标。

当 $k=1$ 时，由表 3-16 知，各子系统待评价样本，即指标特征值向量为：

$$A_{11}：(50,\ 0.8,\ 1.3)$$

$$A_{12}：(0.127,\ 3,\ 7,\ 43)$$

$$A_{13}：(1.7,\ 11)$$

$$A_{14}：(0.7,\ 0.8,\ 0.9)$$

$$A_{15}：(0.7,\ 0.8,\ 0.9,\ 0.9)$$

对 1 级指标子系统 A_{11}，A_{12}，A_{13}，A_{14}，A_{15} 构造参数 $\boldsymbol{I}_{abj}$，$\boldsymbol{I}_{cdj}$，$\boldsymbol{M}_j$（$j=1,\ 2,\ 3,\ 4,\ 5$）如下：

$$\boldsymbol{I}_{ab1}=\begin{bmatrix}[1000,\ 500] & [500,\ 100] & [100,\ 50] & [50,\ 0]\\ [1.0,\ 0.75] & [0.75,\ 0.5] & [0.5,\ 0.25] & [0.25,\ 0]\\ [5.0,\ 1.5] & [1.5,\ 1.0] & [1.0,\ 0.5] & [0.5,\ 0]\end{bmatrix}$$

$$\boldsymbol{I}_{cd1}=\begin{bmatrix}[1000,\ 100] & [1000,\ 50] & [500,\ 0] & [100,\ 0]\\ [1.0,\ 0.5] & [1.0,\ 0.25] & [0.75,\ 0] & [0.5,\ 0]\\ [5.0,\ 1.0] & [5.0,\ 0.5] & [1.5,\ 0] & [1.0,\ 0]\end{bmatrix}$$

$$\boldsymbol{M}_1=\begin{bmatrix}1000 & 500 & 50 & 0\\ 1.0 & 0.75 & 0.25 & 0\\ 5.0 & 1.5 & 0.5 & 0\end{bmatrix}$$

$$\boldsymbol{I}_{ab2}=\begin{bmatrix}[1.0,\ 0.5] & [0.5,\ 0.25] & [0.25,\ 0.05] & [0.05,\ 0]\\ [10.0,\ 5.0] & [5.0,\ 3.0] & [3.0,\ 1.0] & [1.0,\ 0]\\ [10.0,\ 8.0] & [8.0,\ 6.5] & [6.5,\ 5.0] & [5.0,\ 0]\\ [0,\ 20] & [20,\ 50] & [50,\ 80] & [80,\ 100]\end{bmatrix}$$

$$\boldsymbol{I}_{cd2}=\begin{bmatrix}[1.0,\ 0.25] & [1.0,\ 0.05] & [0.5,\ 0.0] & [0.25,\ 0]\\ [10.0,\ 3.0] & [10.0,\ 1.0] & [5.0,\ 0.0] & [3.0,\ 0]\\ [10.0,\ 6.5] & [10.0,\ 5.0] & [8.0,\ 0.0] & [6.5,\ 0]\\ [0,\ 50] & [0,\ 80] & [20,\ 100] & [50,\ 100]\end{bmatrix}$$

$$\boldsymbol{M}_2=\begin{bmatrix}1.0 & 0.5 & 0.05 & 0\\ 10.0 & 5.0 & 1.0 & 0\\ 10.0 & 8.0 & 5.0 & 0\\ 0 & 20 & 80 & 100\end{bmatrix}$$

$$\boldsymbol{I}_{ab3}=\begin{bmatrix}[3.0,\ 2.0] & [2.0,\ 1.7] & [1.7,\ 1.4] & [1.4,\ 0]\\ [10.0,\ 8.0] & [8.0,\ 6.5] & [6.5,\ 5.0] & [5.0,\ 0]\end{bmatrix}$$

$$\boldsymbol{I}_{cd3}=\begin{bmatrix}[3.0,\ 1.7] & [3.0,\ 1.4] & [2.0,\ 0] & [1.7,\ 0]\\ [10.0,\ 6.5] & [10.0,\ 5.0] & [8.0,\ 0] & [6.5,\ 0]\end{bmatrix}$$

$$\boldsymbol{M}_3=\begin{bmatrix}3.0 & 2.0 & 1.4 & 0\\ 10.0 & 8.0 & 5.0 & 0\end{bmatrix}$$

$$\boldsymbol{I}_{ab4}=\begin{bmatrix}[1.0,\ 0.75] & [0.75,\ 0.5] & [0.5,\ 0.25] & [0.25,\ 0]\\ [1.0,\ 0.75] & [0.75,\ 0.5] & [0.5,\ 0.25] & [0.25,\ 0]\\ [1.0,\ 0.75] & [0.75,\ 0.5] & [0.5,\ 0.25] & [0.25,\ 0]\end{bmatrix}$$

$$\boldsymbol{I}_{cd4}=\begin{bmatrix}[1.0,\ 0.5] & [1.0,\ 0.25] & [0.75,\ 0] & [0.5,\ 0]\\ [1.0,\ 0.5] & [1.0,\ 0.25] & [0.75,\ 0] & [0.5,\ 0]\\ [1.0,\ 0.5] & [1.0,\ 0.25] & [0.75,\ 0] & [0.5,\ 0]\end{bmatrix}$$

$$\boldsymbol{M}_4=\begin{bmatrix}1.0 & 0.75 & 0.25 & 0\\ 1.0 & 0.75 & 0.25 & 0\\ 1.0 & 0.75 & 0.25 & 0\end{bmatrix}$$

$$I_{ab5}=\begin{bmatrix}[1.0,0.75] & [0.75,0.5] & [0.5,0.25] & [0.25,0]\\ [1.0,0.75] & [0.75,0.5] & [0.5,0.25] & [0.25,0]\\ [1.0,0.75] & [0.75,0.5] & [0.5,0.25] & [0.25,0]\\ [1.0,0.75] & [0.75,0.5] & [0.5,0.25] & [0.25,0]\end{bmatrix}$$

$$I_{cd5}=\begin{bmatrix}[1.0,0.5] & [1.0,0.25] & [0.75,0] & [0.5,0]\\ [1.0,0.5] & [1.0,0.25] & [0.75,0] & [0.5,0]\\ [1.0,0.5] & [1.0,0.25] & [0.75,0] & [0.5,0]\\ [1.0,0.5] & [1.0,0.25] & [0.75,0] & [0.5,0]\end{bmatrix}$$

$$M_5=\begin{bmatrix}1.0 & 0.75 & 0.25 & 0\\ 1.0 & 0.75 & 0.25 & 0\\ 1.0 & 0.75 & 0.25 & 0\\ 1.0 & 0.75 & 0.25 & 0\end{bmatrix}$$

再根据表 3-16 知，A_{11}，A_{12}，A_{13}，A_{14}，A_{15}各子系统相应输入指标权重向量分别为

$$W_1=(0.3333,\ 0.3333,\ 0.3334)$$

$$W_2=(0.3453,\ 0.2053,\ 0.2441,\ 0.2053)$$

$$W_3=(0.1667,\ 0.8333)$$

$$W_4=(0.4126,\ 0.2599,\ 0.3275)$$

$$W_5=(0.1433,\ 0.2243,\ 0.1704,\ 0.4620)$$

于是，由式(3.27)～(3.29)即可得到各子系统A_{11}，A_{12}，A_{13}，A_{14}，A_{15}对级别h的综合相对隶属度向量分别为

$$(u_h)_{A_{11}}=(0.2769,\ 0.3385,\ 0.2179,\ 0.1666)$$

$$(u_h)_{A_{12}}=(0.0563,\ 0.4063,\ 0.4561,\ 0.0812)$$

$$(u_h)_{A_{13}}=(0.5952,\ 0.3214,\ 0.0833,\ 0)$$

$$(u_h)_{A_{14}}=(0.5358,\ 0.4347,\ 0.0295,\ 0)$$

$$(u_h)_{A_{15}}=(0.6814,\ 0.3083,\ 0.0102,\ 0)$$

进而将$(u_h)_{A_{11}}$，$(u_h)_{A_{12}}$，$(u_h)_{A_{13}}$，$(u_h)_{A_{14}}$，$(u_h)_{A_{15}}$作为总目标系统A_0的输入，并结合相应权重向量$W_0=(0.1206,\ 0.1048,\ 0.0886,\ 0.5653,\ 0.1207)$，由式(3.27)～(3.29)、(3.66)计算得到A_0对级别h的综合相对隶属度、级别特征值以及模糊熵，见表 3-17。

同理，可以得到$k=2$，3，4 情况下的A_0对级别h的综合相对隶属度、级别特征值以及模糊熵，见表 3-17。

于是，据模糊熵值即可确定各模型的重要性由大到小的顺序为：模型三，模型四，模型一，模型二，见表 3-17。

然后，利用二元比较模糊决策分析方法计算各模型的权重。经过认真考虑，认为模

型三与模型四相比属于“稍稍重要和略为重要之间”，与模型一相比属于“明显重要和显著重要之间”，与模型二相比属于“显著重要”。应用表 3-11，得到非归一化的各模型的权重向量为 $\boldsymbol{W}'=(0.379, 0.333, 1.0, 0.739)$，则归一化后模型的权重向量为 $\boldsymbol{W}=(0.1546, 0.1359, 0.4080, 0.3015)$。

最后，利用线性加权法计算得到综合级别特征值，记为 H_W，见表 3-17。最终评价结果列于表 3-17。

表 3-17　　评价结果

评价模型	综合相对隶属度	模糊熵	模型重要性排序	权重	H	H_W	评价等级
模型一（$\alpha=1$，$p=1$）	(0.4772, 0.3948, 0.0994, 0.0286)	0.8076	③	0.1546	1.6794	1.4527	Ⅰ级
模型二（$\alpha=1$，$p=2$）	(0.4573, 0.4095, 0.0906, 0.0427)	0.8209	④	0.1359	1.7186		
模型三（$\alpha=2$，$p=1$）	(0.7020, 0.2892, 0.0087, 0.0002)	0.5612	①	0.4080	1.3070		
模型四（$\alpha=2$，$p=2$）	(0.6008, 0.3853, 0.0129, 0.0010)	0.6296	②	0.3015	1.4140		

3. 结果分析

由表 3-17，有 $1<H_W=1.4527\leqslant1.5$，根据可变模糊级别特征值评判准则公式（3.15）知，该尾矿库溃坝风险等级为Ⅰ级（Ⅰ等库），即该尾矿库已具备安全运行的条件。文献[152]中该尾矿库溃坝风险级别特征值 $H=1.43$，故有 $1<H\leqslant1.5$，根据可变模糊级别特征值评判准则公式（3.15）知，该尾矿库溃坝风险等级为Ⅰ级（Ⅰ等库），即该尾矿库已具备安全运行的条件。因此，本节提出的加权多层次可变模糊评价方法的评价结果与文献[110]中的评价结果基本一致，从而验证了该新方法的可行性和有效性。而按传统可变模糊评价方法取级别特征值均值时，有 $1.5<\bar{H}=1.5298\leqslant2.5$，根据可变模糊级别特征值评判准则公式（3.15）知，该尾矿库溃坝风险等级为Ⅱ级（Ⅱ等库），即该尾矿库存在轻微病害，且正在采取措施予以消除，基本具备安全运行条件，但是应该尽快采取措施消除病害危险。出现这种差异的原因是取均值情况下未考虑各模型对最终评价结果的贡献程度，而既然可变模糊评价的实质就是 4 种模型的组合评价，为了获得更加客观公正的评价结果，就必须考虑各模型的权重。

因此，加权多层次可变模糊评价方法较文献中的方法和取均值情况的可变模糊评价方法更为客观、可靠，符合实际。

第八节　本章小结

可变模糊评价模型与方法以其参数的可变性，契合了系统安全评价问题的复杂性、不确定性、动态可变性等特点，克服了AHP评价方法、经典模糊评价方法、神经网络评价方法、可拓评价方法、集对分析评价方法、未确知数学评价方法以及灰色系统理论评价方法等的不足，使评价结果更趋客观合理，为有效解决系统安全评价问题提供了更为科学、可靠的评价模型与方法体系。为此，提出了一系列基于可变模糊集的系统安全评价模型与方法。

①可变模糊模式识别评价方法。该方法可以科学地确定样本指标对各级指标标准的相对隶属度，并且能够通过变化模型及其参数，合理地确定出样本的评价等级，提高对样本等级评价的可靠度。可变模糊模式识别评价方法适用于评价指标分级标准为点值实数的情形。

②可变模糊评价方法。该方法具有如下优点：使用多模型进行组合评价，增强了评价结果的一致性和稳定性；使用级别特征值判定准则，充分利用全部相对隶属度信息，弥补了最大隶属度原则的缺陷，使评价结果更符合实际情况。可变模糊评价方法适用于评价指标分级标准为区间数的情形。

③基于可拓与集对的可变模糊评价方法。该方法具有如下优点：根据可拓关联度与联系隶属度的内在互补性特点，建立可变模糊相对隶属度，克服了以往凭借经验或物理分析确定相对隶属度为1的点值矩阵的不足，并以二元语义方法为评价等级判定准则，使评价模型更具科学性。

④考虑后悔行为的变权可变模糊评价方法。该方法具有如下优点：充分考虑待预警样本在不同时空条件下各指标取值的差异变动情况，克服了常权思想的缺陷，符合动态评价预警的客观需求；根据后悔理论建立变权与常权的动态比较机制，弥补了基本变权可变模糊方法下各评价预警指标激励/惩罚过大或过小的不足，保证了各指标在评价预警过程中作用的真实贡献程度，使评价预警结果更趋合理。

⑤加权可变模糊评价方法。该类方法基于组合评价思想，切实考虑各模型对最终综合级别特征值的贡献程度，以最终综合级别特征值为系统安全评价的依据，使评价结果更为客观合理。加权可变模糊评价方法包括单一样本加权可变模糊评价方法、多样本加权可变模糊评价方法、加权多层次可变模糊评价方法。

第四章　基于可变模糊集的系统安全预测

第一节　引　言

20世纪60年代末出现的系统安全工程为人们提供了系统的、定量的预测、评价、决策的理论和方法。系统安全预测是系统安全工程的基本内容之一，与系统安全工程同时产生和发展。安全预测，在我国始于20世纪70年代末期，21世纪初期形成了一定的规模。许多专家学者在吸取世界各国经验教训的基础上，根据我国具体情况，将那些经过实践检验确有价值的研究成果引入国内。几十年的时间里，安全预测发展成为安全科学中的一个组成部分。在安全科学快速发展过程中，安全预测的发展已为安全决策提供了坚实的科学基础。

近年来，随着各类重特大事故的频发[153]，以及预测科学的不断发展[154-155]，如何及时准确地预测系统的安全状态，保证系统安全运行已经成为摆在安全工作者面前的一个不可回避的重大课题。在系统安全预测研究过程中，安全预测方法的研究一直是重点。预测方法的优劣、适应性将直接影响预测的效果。安全预测方法可以概括为定性预测方法和定量预测方法。其中，定量预测方法的研究备受学术界的青睐，各类预测方法层出不穷，如回归预测法[156-157]、时间序列预测法[158-159]、马尔可夫预测法[160]、灰色预测法[161]、贝叶斯网络预测法[162-163]、神经网络预测法[164]、支持向量机预测法[165-166]，等等。这些方法有的是根据时间序列进行预测，有的是根据事物的因果关系进行预测，且大多以预测精确值为目标，对于区间范围预测的研究很少，而提供预测区间更具现实意义。

安全系统是一个多因素、多层次、多目标的相互联系、相互制约的复杂系统，其运行过程是由许多错综复杂的关系所组成的模糊动态过程，具有明显的模糊性。可变模糊集理论模型与方法是解决带有动态模糊性的系统问题的有效方法。

本章将可变模糊集理论引入系统安全预测领域，提出了适用于系统安全预测问题的可变模糊聚类与模式识别相结合的可变模糊组合预测方法，并将其应用于煤矿瓦斯涌出量区间预测问题上，为系统安全预测开辟了一条稳定、可靠的新途径。

第二节　系统安全预测概述

一、系统安全预测的概念

安全预测[124-125, 167]是在分析、研究系统过去和现在安全资料的基础上，利用各种知识和科学方法，对系统未来的安全状况进行预测，预测系统的危险种类及危险程度，以便对事故进行预报和预防。

通过安全预测，可以掌握一个单位安全生产的发展趋势，为制订安全目标、安全管理措施和技术措施提供科学依据。因此，安全预测是现代安全管理的一项重要内容。

安全预测由四部分组成。

①预测信息，是指在调查研究的基础上所掌握的反映过去、揭示未来的有关情报、数据和资料。

②预测分析，是指将各方面的信息资料，经过比较核对、筛选和综合，进行科学的分析和计算。

③预测技术，是指预测分析所使用的科学方法和手段。

④预测结果，是指在预测分析的基础上所获得的事物发展趋势、程度、特点以及各种可能性结论。

二、系统安全预测的分类

(1)按预测对象的范围分类[124-125, 167]

①宏观预测，是指对整个行业、一个地区、一个企业的安全状况的预测。

②微观预测，是指对一个生产单位的生产系统或其子系统的安全状况的预测。

(2)按时间长短分类[124-125, 167]

①长期预测，是指对5年以上的安全状况的预测。它能够为安全管理方面的重大决策提供科学依据。

②中期预测，是指对1年以上5年以下的安全生产状况的预测。它是制订五年计划和任务的依据。

③短期预测，是指对1年以内的安全状况的预测。它是制订年度计划、季度计划以及规定短期发展任务的依据。

(3)按应用原理分类[167]

①白色理论预测。用于预测的问题与所受影响因素已经十分清楚的情况。

②灰色理论预测，也称灰色系统预测。灰色系统是既包含已知信息又包含未知信息的系统。

③黑色理论预测，也称黑箱系统或黑色系统预测。这种系统中所包含的信息多为不确定的。

三、系统安全预测的原则

系统安全预测应遵循以下四项基本原则[125]。

①连贯原则，是指事故发展的各个阶段具有连贯性和稳定性。将来的发展趋势是现在发展的结果，现在的情况又是过去演变而来的。采取连贯原则进行分析研究，就可由过去和现在推测未来，从而作出正确的预测。

②系统原则，是指将预测对象所涉及的各种事件和因素视为一个系统，进行综合考察和研究。采取系统原则，可全面地分析问题，从而克服片面性，进而提高预测的科学性。

③实事求是原则，是指在预测过程中，从客观实际出发，尊重历史资料，认真分析研究现状，如实地反映可能出现的问题和结果。

④大量观察原则，是指预测要从大量的调查研究中探求一般的规律，避免以偏概全。

四、系统安全预测的步骤

预测是客观事物发展前景的一种探索性研究工作，它有一套科学的程序。一般地，预测可分为4个阶段10个步骤[167]，具体如图4-1所示。

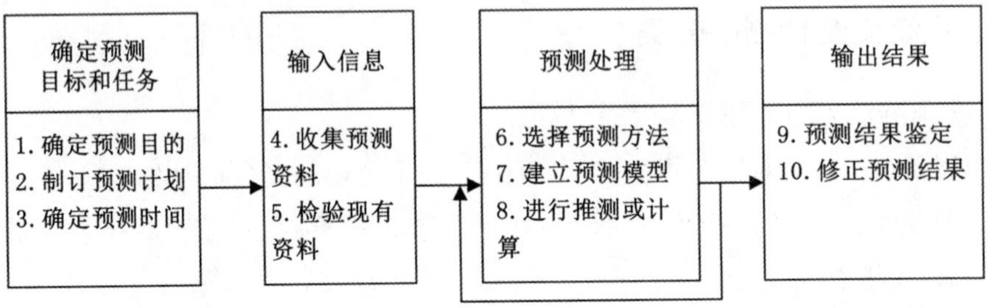

图4-1　预测程序

五、系统安全预测的方法

系统安全预测的方法主要包括如下几大类[125-126]。

(1)经验推断预测方法

经验推断预测方法是利用直观材料，依靠人的知识经验和综合分析能力，对客观事物的未来状态作出估计和设想。经验推断预测方法包括头脑风暴法、德尔菲法、主观概率法、试验预测法、相关树法等。

(2)时间序列预测法

时间序列预测法是指利用观察和记录到的一组按时间顺序排列的数字序列，分析它们的变化方向和程度，对下一时期或以后若干时期可能得到的水平进行推测。该方法的基本思想是将时间序列作为一个随机变量序列的样本，用概率统计方法尽可能减少偶然因素的影响，或消除季节性、周期性变动的影响，通过分析时间序列的趋势进行预测。时间序列预测法包括滑动平均法、指数滑动平均法等。

(3)计量模型预测法

计量模型预测法由描述的预测对象及与其主要影响因素有关的一个方程式或方程组构成。该方法利用一系列方程式的计算，根据主要影响因素的变化趋势，对预测对象的未来状况进行推测。计量模型预测法也可称为“因果关系预测法”。计量模型预测法包括回归分析法、马尔可夫链预测法、灰色预测法、投入产出分析法、宏观经济模型法等。

上述三类预测方法也可归纳为定性预测方法[包含(1)]和定量预测方法[包含(2)、(3)]两大类。

第三节 可变模糊组合预测方法

一、可变模糊聚类模型及其循环迭代求解

可变模糊聚类模型见第二章第三节。

可变模糊聚类循环迭代模型的具体求解步骤[7]：给定要求的计算精度 ε。假设存在一个满足条件式(2.27)的初始模糊分类矩阵(u_{hj}^0)。(u_{hj}^0)的设定值越接近各个样本在 c 个分类中的最优相对隶属度，则迭代收敛越快。因此，常用的做法是根据样本分类，得到一个矩阵元素非 0 即 1 的相应的最优硬分类布尔矩阵：

$$\boldsymbol{u}^0=\begin{bmatrix}1 & 0 & \cdots & 0\\ 0 & 1 & \cdots & 0\\ \vdots & \vdots & & \vdots\\ 0 & 1 & \cdots & 0\end{bmatrix} \tag{4.1}$$

根据假设的(u_{hj}^0)，由式(2.37)求一次近似模糊分类中心矩阵(s_{ih}^1)。将(s_{ih}^1)代入式(2.36)求一次近似模糊分类矩阵(u_{hj}^1)。逐个比较矩阵(u_{hj}^1)与(u_{hj}^0)的对应元素，若 $\max|u_{hj}^1-u_{hj}^0|<\varepsilon$，即 $c\times n$ 个对应元素的最大差值的绝对值小于要求的计算精度 ε，则将(u_{hj}^1)代入式(2.37)求(s_{ih}^2)；又若 $\max|s_{hj}^1-s_{hj}^0|<\varepsilon$，则迭代可以结束。矩阵($u_{hj}^1$)作为最优模糊分类矩阵($u_{hj}^*$)的近似矩阵，矩阵($s_{ih}^2$)作为最优模糊分类中心矩阵($s_{ih}^*$)的近似矩阵，可以满足计算精度的要求。否则，$\max|u_{hj}^1-u_{hj}^0|>\varepsilon$，或 $\max|u_{hj}^1-u_{hj}^0|<\varepsilon$，但 $\max|s_{hj}^1-s_{hj}^0|>\varepsilon$，则进行第二次循环迭代计算。如此迭代，直到满足计算要求的精度为止。一般地，如迭代至 k 次，

若同时满足 $\max|u_{hj}^{k}-u_{hj}^{k-1}|<\varepsilon$，$\max|s_{hj}^{k+1}-s_{hj}^{k}|<\varepsilon$，则迭代结束。

计算实践结果表明[7]，当 $\alpha=p=2$ 时，模型(2.36)、(2.37)应用通常的梯度下降迭代算法进行求解，能收敛到全局极小值，可以得到合理的聚类结果。因此，参数 α，p 不宜变化，只有权重参数 W 是可变化的。

二、指标权重的确定

可变模糊组合预测方法中的权重为可变参数，为此，分别利用下面的 3 组权重对其预测结果的稳定性进行研究。

1. **基于二元比较模糊决策分析方法的主观权重**[7, 147]

参见第三章第七节。

2. **基于粗糙集理论的客观权重**

粗糙集理论能够根据系统、客观的信息科学合理地确定指标因素的权重。鉴于此，本节拟采用粗糙集理论来确定各因素的权重。

粗糙集[168-170](rough set，也称 rough 集、粗集)理论是 Z. Pawlak 教授于 1982 年提出的一种能够定量分析处理不精确、不一致、不完整信息与知识的数学工具。该理论的一个重要用途[171-172]是确定属性重要性[173]及权重[174]，其优点是不需要先验知识，只需利用已有客观信息即可判定属性的重要性并分别赋予不同的权重。

(1)知识表达系统

在粗糙集理论中，对象的信息通过相应对象的属性及属性值表达。一个知识表达系统可以定义为 $S=<U, R, V, f>$，U 是对象的集合，R 是属性集合，V 是属性值集合，$f:U\times R\rightarrow V$ 是一个信息函数，指定 U 中每一个对象的属性值。知识表达系统实际上是一个关于对象知识的关系表，一个属性对应一个等价关系，一个表是所定义的一簇等价关系，即知识库。关系表中蕴含了关于对象和属性的潜在信息和规律。

(2)不可分辨关系

当两个不同的对象由相同的属性来描述时，这两个对象在该系统中被归于同一类，它们的关系称为不可分辨关系(indiscernibility relation)，即对于任一属性子集 $B\in R$，若对象 x_i，$x_j\in U$，$\forall r\in B$，当且仅当 $f(x_i, r)=f(x_j, r)$ 时，x_i 和 x_j 是不可分辨的，记为 $Ind(B)$。不可分辨关系也称为等价关系(equivalence relation)。

(3)下近似集、上近似集、边界域

下近似集(lower approximation)定义为：根据现有属性 R，判断 U 中所有肯定属于 X 的对象所组成的集合，即

$$R_{-}(X)=\{x\in U, [x]_R\subseteq X\} \tag{4.2}$$

式中，$[x]_R$——等价关系 R 下包含元素 x 的等价类。

下近似又可称为 X 的 R 正域(positive region)，记作

$$Pos_R(X)=R_-(X)\text{或}Pos(X)=R_-(X)$$

上近似集(upper approximation)定义为：根据现有属性 R，判断 U 中一定属于和可能属于 X 的对象所组成的集合，即

$$R^-(X)=\{x\in U,\ [x]_R\cap X\neq\varnothing\} \tag{4.3}$$

上近似与下近似的差

$$Bnd(X)=R^-(X)-R_-(X) \tag{4.4}$$

称为 X 的边界域(boundary region)。若 $Bnd(X)$ 是空集，则称集合 X 关于 R 是清晰的；反之，若 $Bnd(X)$ 不是空集，则称集合 X 为关于 R 的粗糙集。因此，粗糙集中的“粗糙”(或不确定性)主要体现在边界域的存在。集合 X 的边界域越大，其确定性程度越小。

(4)知识的简化与核

对于属性子集 P 属于 R，若存在 Q 独立，Q 属于 P，且 $Ind(Q)=Ind(P)$，则称 Q 为 P 的简化，用 $Red(P)$ 表示。显然 P 可以有多种简化。P 中所有不可省略关系的集合称为 P 的核，记作 $Core(P)$。核与简化的关系如下：

$$Core(P)=\cap Red(P) \tag{4.5}$$

(5)属性的依赖性和权重

对于知识库 $K=<U,R>$，且有 P，Q 属于 R，若 $Ind(P)$ 属于 $Ind(Q)$，则称属性 P 依赖于属性 Q，属性 Q 对 P 的依赖度定义为

$$r_P(Q)=\frac{Card(Pos_P(Q))}{Card(U)} \tag{4.6}$$

其中，$Card$ 表示集合的基数。假设属性集 C 导出的分类的属性子集 b 属于 B，则 b 的重要性用二者依赖程度的差来衡量，即

$$\mathrm{Imp}_b=r_B(C)-r_{B-b}(C) \tag{4.7}$$

对每个属性的重要性进行归一化处理，就得到属性的权重，即

$$w_i=\frac{\mathrm{Imp}_{b_i}}{\sum \mathrm{Imp}_{b_i}} \tag{4.8}$$

(6)属性数据的离散化处理

粗糙集方法是一种符号量化分析方法，需要将连续的属性离散化。数据离散化过程本质上就是采用一定的断点集合对决策系统的属性空间进行划分。此处，采用等距离划分方法对连续数据进行离散化处理，分别用“1”“2”“3”代表位于区间 $[min,\ min+step)$、$[min+step,\ min+2step)$、$[min+2step,\ min+3step]$ 的数。其中，$step=(max-min)/3$。

(7)粗糙集确定权重的步骤

①数据离散化。在不改变数据的分类能力的前提下，将属性中连续属性的属性值进行离散化处理，建立所研究问题的评价指标体系。常用方法有等距离划分法、神经网络法、模糊聚类法等。

②形成决策表。采用离散化后的属性值形成一张二维关系表，每一行描述一个对象，每一列描述对象的一种条件属性，若含决策属性，则最后一列为决策属性。

③知识约简。删除属性值相同的对象，也就是删除重复的数据行，使决策表最简化，以减少计算工作量。

④划分等价类。按属性对论域进行等价类划分。

⑤判定属性重要性。利用属性重要度的计算公式计算各属性的重要度，然后根据各属性重要度值的大小确定各属性的重要性顺序。

⑥将重要度进行归一化处理，即得到各指标的权重。

3. 主客观综合权重

本章分别采用加法集成和乘法集成两种方法来确定主客观综合权重。令 W_1 为主观权重，W_2 为客观权重，$\alpha(\alpha\in[0,\ 1])$ 为加权系数，则有：

按加法集成公式计算主客观综合权重为

$$W=\alpha W_1+(1-\alpha)W_2 \tag{4.9}$$

按乘法集成公式计算主客观综合权重为

$$W(i)=\frac{W_1(i)W_2(i)}{\sum_{i=1}^{4}W_1(i)W_2(i)} \tag{4.10}$$

三、可变模糊组合预测方法的实现步骤

①给出一定数量已知其分类等级的样本，确定所给出的全体样本对应的待预测变量的总体取值区间，并对样本数据进行规格化，得到其指标特征值相对隶属度矩阵 $\boldsymbol{R}_1$。

②利用科学合理的权重确定方法，确定系统安全预测问题中各指标属性的权重。

③利用上文中可变模糊聚类循环迭代模型求解满足要求的最优模糊分类矩阵 $\boldsymbol{u}^*$ 和最优模糊分类中心矩阵 $\boldsymbol{s}^*$。

④根据最优模糊分类矩阵 $\boldsymbol{u}^*$ 对已知样本进行分类，并根据已知样本对应的待预测变量值，结合步骤①中所确定的待预测变量的总体取值区间，确定待预测变量的各分类等级对应的取值区间。

⑤根据未知样本的指标特征值相对隶属度矩阵 $\boldsymbol{R}_2$，并结合 $\boldsymbol{s}^*$，$\boldsymbol{W}=(w_i)$，按最优模糊模式识别矩阵的计算公式

$$\boldsymbol{u}_{hj}^*=\left\{\sum_{i=1}^{c}\frac{\sum_{i=1}^{m}[w_i^*(r_{ij}-s_{ih}^*)]^2}{\sum_{i=1}^{m}[w_i^*(r_{ij}-s_{ik}^*)]^2}\right\}^{-1} \tag{4.11}$$

对未知样本进行识别。

⑥根据步骤⑤中的识别结果，确定未知样本所属的分类等级，并根据步骤④中确定的样

本相应分类等级所对应的待预测变量的取值区间，对未知样本的待预测变量进行区间预测。

其中，步骤①②③④为建立预测模型，步骤⑤⑥为对未知样本的待预测变量进行预测检验。

第四节　应用实例

本节以“煤矿瓦斯涌出量预测”为例对所提出的可变模糊组合预测方法进行试算和验证分析。

一、矿井瓦斯涌出量预测概述

我国煤矿事故中尤以瓦斯事故突出，瓦斯事故是煤矿各类重大、特大事故中所占比例最大、死亡率最高、造成的损失最严重的事故灾害，也是煤矿安全生产的主要威胁。矿井瓦斯是成煤过程中的一种伴生气体，是矿井中主要由煤层气构成的以甲烷为主的有毒、有害气体的总称，包括甲烷、二氧化碳、氮气，还有少量的乙烷、乙烯、氢气、一氧化碳、硫化氢和二氧化硫等，有时单指甲烷。瓦斯作为煤矿生产过程中的主要危险源，对其进行有效治理，成为预防事故发生、保障生产安全的关键环节[132, 175-179]。瓦斯涌出量预测便是煤矿瓦斯治理的重要内容和依据。

《矿井瓦斯涌出量预测方法》(AQ 1018—2006)将矿井瓦斯涌出量定义为“从煤层和岩层以及采落的煤(岩)体涌入矿井中的气体总量，矿井进行瓦斯抽放时应包括抽放瓦斯量”。标准规定：新建矿井或生产矿井新水平，都必须进行瓦斯涌出量预测，以确定新矿井、新水平、新采区投产后瓦斯涌出量大小，作为矿井和采区通风设计、瓦斯抽放及瓦斯管理的依据。一般地，矿井瓦斯涌出量有两种表示方法[175-176]，即绝对瓦斯涌出量和相对瓦斯涌出量。

矿井瓦斯涌出量并非固定不变的，它会随自然条件和开采技术条件的变化而变化。由于矿井瓦斯涌出规律和涌出量因地而异，而且瓦斯涌出受地质构造、煤层深度、煤体结构埋藏深度以及开采技术等多种因素的影响，是一个动态变化过程，加之各影响因素之间相互影响、互为因果，构成了一个异常复杂的体系；并且构成该体系的许多因素是随机变化的。

瓦斯涌出量作为矿井瓦斯等级划分的依据，其预测效果的优劣将直接影响矿井瓦斯的治理工作。因此，瓦斯涌出量的预测尤为关键，这一领域的研究受到了国内外学者的广泛关注[156,180-193]，已成为研究的热点问题。目前，瓦斯涌出量的预测方法[180-181]除矿山统计法、瓦斯含量法、分源计算法[182]和类比法[183]等传统预测方法外，新的预测方法不断出现，如回归分析预测法[156]、时间序列预测法[184]、灰色系统理论预测法[185]、神经网络预测法[186]、支持向量机预测法[187]、卡尔曼滤波预测法[188]、马尔可夫预测法[189]、未确知数学预测法[190]、GIS 技术预测法[191]以及模糊聚类分析预测法[192-193]等。但这些方法大多以预测精确值为目标[156, 184-191]，对于区间范围预测的研究很少[192-193]，而提供预测区间更具现实意义。虽然文献[190]、[192]和[193]可得到区间形式的预测结果，但因文献[190]中采用未确知数学方法，受置信度的影响，很难得到稳定可靠的预测结果；而文献[192]和[193]中采用经典模糊集中的模糊聚类方法，其最大隶属原则的不适用性，将导致预测结果的不准确。而基于可变模糊集的预测方法则可以很好地解决区间形式的预测问题，并且可以克服最大隶属度的不适用原则[7]。

基于以上分析，本节尝试采用可变模糊集理论中的可变模糊聚类与可变模糊模式识别相结合的方法，对矿井工作面瓦斯涌出量进行识别预测研究，以期为煤矿瓦斯涌出量预测提供一种有效、可靠的新途径。

二、实例分析

选取文献[190]中的实测数据(此处，考虑最主要的 4 个因素：矿井工作面煤层埋藏深度、煤层厚度、煤层瓦斯含量、工作面平均日产量)，如表 4-1 所示，实际测得瓦斯涌出量列于表 4-1 最后一列。

表 4-1　瓦斯涌出量实测数据

样本	矿井工作面煤层埋藏深度/m	煤层厚度/m	煤层瓦斯含量/($m^3 \cdot t^{-1}$)	工作面平均日产量/($t \cdot d^{-1}$)	瓦斯涌出量/($m^3 \cdot t^{-1}$)
1	604	6.2	4.03	3354	7.80
2	531	2.9	3.35	2288	4.78
3	420	1.8	2.14	1751	3.56
4	634	6.5	4.8	3620	8.51
5	550	2.9	3.61	2325	5.23
6	408	2.0	1.92	1825	3.34
7	527	2.5	2.8	1979	4.92
8	411	2.0	2.15	1527	2.97
9	456	2.2	2.4	2104	4.17
10	563	3.0	3.68	2410	5.56
11	590	5.9	4.21	3139	7.24
12	516	2.8	3.22	2242	4.60
13	607	6.1	4.34	3087	7.68
14	432	2.3	2.58	2078	3.62
15	640	6.3	4.67	3412	7.95

为验证可变模糊组合预测方法预测结果的稳定性，本章采用4组权重对矿井瓦斯涌出量的预测问题进行研究。

①利用二元比较模糊决策分析法确定主观权重。

根据预测指标的重要性，依据经验知识进行二元比较，给出定性排序标度矩阵为

$$\boldsymbol{E}=\begin{bmatrix}0.5 & 0.0 & 0.0 & 0.0\\1.0 & 0.5 & 0.0 & 1.0\\1.0 & 1.0 & 0.5 & 1.0\\1.0 & 0.0 & 0.0 & 0.5\end{bmatrix}$$

按定理3.1对矩阵$\boldsymbol{E}$进行一致性检验知，$\boldsymbol{E}$满足一致性检验条件。矩阵$\boldsymbol{E}$各行之和依次为0.5，2.5，3.5，1.5。由此，可得到各指标重要性由大到小的顺序为煤层瓦斯含量、煤层厚度、工作面平均日产量、矿井工作面煤层埋藏深度。

经过认真考虑，认为煤层瓦斯含量与煤层厚度相比“略为”重要，与工作面平均日产量相比“较为”重要，与矿井工作面煤层埋藏深度相比“明显”重要。应用表3-11模糊语气算子与相对隶属度的关系，得到非归一化指标权重向量为

$$\boldsymbol{W}_1'=(0.429,\ 0.667,\ 1.0,\ 0.538)$$

则指标权重向量为

$$\boldsymbol{W}_1=(0.1629,\ 0.2532,\ 0.3796,\ 0.2043)$$

②利用粗糙集方法确定客观权重。

将表4-1中的4个因素分别记为a，b，c，d。对原始数据作离散化处理，见表4-2。于是，利用粗糙集方法确定各指标因素的权重向量为

$$\boldsymbol{W}_2=(0.2104,\ 0.2632,\ 0.2632,\ 0.2632)$$

③利用加法集成确定主客观综合权重。取$\alpha=0.5$，得

$$\boldsymbol{W}_3=(0.1866,\ 0.2582,\ 0.3214,\ 0.2338)$$

表4-2　　数据离散化结果

样本	a	b	c	d
1	3	3	3	3
2	2	1	2	2
3	1	1	1	1
4	3	3	3	3
5	2	1	2	2
6	1	1	1	1
7	2	1	1	1
8	1	1	1	1

续表 4-2

样本	a	b	c	d
9	1	1	1	1
10	3	1	2	2
11	3	3	3	3
12	2	1	2	2
13	3	3	3	3
14	1	1	1	1
15	3	3	3	3

④利用乘法集成确定主客观综合权重为

$$\boldsymbol{W}_4=(0.1346,\ 0.2618,\ 0.3924,\ 0.2112)$$

对表 4-1 中的样本数据，按样本瓦斯涌出量值的分布情况，利用可变模糊组合预测方法，分三组对矿井瓦斯涌出量进行建模和预测。

1. 第一组

将表 4-1 中的 1~12 号样本作为已知样本，用于建立预测模型；将 13~15 号样本作为未知样本，用于预测检验。

首先，对 1~12 号样本数据进行规格化处理，得到指标特征值相对隶属度矩阵：

$$\boldsymbol{R}_1=\begin{bmatrix} 0.8673 & 0.5442 & 0.0531 & 1.0000 & 0.6283 & 0 & 0.5265 & 0.0133 & 0.2124 & 0.6858 & 0.8053 & 0.4779 \\ 0.9362 & 0.2340 & 0 & 1.0000 & 0.2340 & 0.0426 & 0.1489 & 0.0426 & 0.0851 & 0.2553 & 0.8723 & 0.2128 \\ 0.7326 & 0.4965 & 0.0764 & 1.0000 & 0.5868 & 0 & 0.3056 & 0.0799 & 0.1667 & 0.6111 & 0.7951 & 0.4514 \\ 0.8729 & 0.3636 & 0.1070 & 1.0000 & 0.3813 & 0.1424 & 0.2160 & 0 & 0.2757 & 0.4219 & 0.7702 & 0.3416 \end{bmatrix}$$

取 $\varepsilon=0.0001$，令 $c=3$，参考文献[175]的结果，并根据相对隶属度最大原则，有

$$\boldsymbol{u}^0=\begin{bmatrix} 0 & 0 & 1 & 0 & 0 & 1 & 0 & 1 & 1 & 0 & 0 & 0 \\ 0 & 1 & 0 & 0 & 1 & 0 & 1 & 0 & 0 & 1 & 0 & 1 \\ 1 & 0 & 0 & 1 & 0 & 0 & 0 & 0 & 0 & 0 & 1 & 0 \end{bmatrix}$$

然后，先取 $\boldsymbol{W}_3$，经可变模糊聚类循环迭代得到 $\boldsymbol{u}^*$ 和 $\boldsymbol{s}^*$：

$$u^* = \begin{bmatrix} 0.0077 & 0.0017 & 0.9950 & 0.0180 & 0.0171 & 0.9756 & 0.2878 & 0.9709 & 0.8505 & 0.0334 & 0.0092 & 0.0272 \\ 0.0204 & 0.9974 & 0.0042 & 0.0422 & 0.9694 & 0.0197 & 0.6725 & 0.0239 & 0.1311 & 0.9323 & 0.0270 & 0.9636 \\ 0.9719 & 0.0009 & 0.0008 & 0.9398 & 0.0298 & 0.0029 & 0.0273 & 0.0051 & 0.0184 & 0.0342 & 0.9639 & 0.0093 \end{bmatrix}$$

$$s^* = \begin{bmatrix} 0.0715 & 0.5745 & 0.8885 \\ 0.0421 & 0.2244 & 0.9342 \\ 0.0808 & 0.5087 & 0.8388 \\ 0.1246 & 0.3588 & 0.8783 \end{bmatrix}$$

由u^*知，样本3，6，8，9属于第Ⅰ类，相应的瓦斯涌出量分别为3.56，3.34，2.97，4.17；样本2，5，7，10，12属于第Ⅱ类，相应的瓦斯涌出量分别为4.78，5.23，4.92，5.56，4.6；样本1，4，11属于第Ⅲ类，相应的瓦斯涌出量分别为7.8，8.51，7.24。该分类结果与文献[190]的完全一致。

由表4-1，该矿井的瓦斯涌出量在2.5~9之间，根据聚类结果可将其分为3类，即Ⅰ类：(2.5，4.3]；Ⅱ类：(4.3，6.5]；Ⅲ类：(6.5，9]。

最后，根据s^*利用模糊识别模型对13~15号样本进行识别预测，得到其最优模糊识别矩阵：

$$u^* = \begin{bmatrix} 0.0065 & 0.8065 & 0.0092 \\ 0.0185 & 0.1702 & 0.0232 \\ 0.9750 & 0.0232 & 0.9676 \end{bmatrix}$$

由u^*知，样本13，15属于第Ⅲ类，即13，15号样本的瓦斯涌出量在区间(6.5，9]内；样本14属于第Ⅰ类，即14号样本的瓦斯涌出量在区间(2.5，4.3]内。对照实测数据7.68，3.62，7.95，预测结果与实际相符。

同理，依次取W_1，W_2，W_4进行上述迭代计算并预测，所得预测结果与权重取W_3的情况基本一致，均与实际相符。

2. 第二组

将表4-1中的4~15号样本作为已知样本，用于建立预测模型；将1~3号样本作为未知样本，用于预测检验。

对4~15号样本数据进行规格化处理，得到指标特征值相对隶属度矩阵：

$$R_1 = \begin{bmatrix} 0.9741 & 0.6121 & 0 & 0.5129 & 0.0129 & 0.2069 \\ 1.0000 & 0.2000 & 0 & 0.1111 & 0 & 0.0444 \\ 1.0000 & 0.5868 & 0 & 0.3056 & 0.0799 & 0.1667 \\ 1.0000 & 0.3813 & 0.1424 & 0.2160 & 0 & 0.2757 \end{bmatrix}$$

$$\left.\begin{matrix} 0.6681 & 0.7845 & 0.4655 & 0.8578 & 0.1034 \\ 0.2222 & 0.8667 & 0.1778 & 0.9111 & 0.0667 \\ 0.6111 & 0.7951 & 0.4514 & 0.8403 & 0.2292 \\ 0.4219 & 0.7702 & 0.3416 & 0.7453 & 0.2633 \end{matrix}\right]$$

ε, c 及权重与第一组相同，参考文献[190]的结果，并根据相对隶属度最大原则，有

$$\boldsymbol{u}^0 = \begin{bmatrix} 0 & 0 & 1 & 0 & 1 & 1 & 0 & 0 & 0 & 0 & 1 & 0 \\ 0 & 1 & 0 & 1 & 0 & 0 & 1 & 0 & 1 & 0 & 0 & 0 \\ 1 & 0 & 0 & 0 & 0 & 0 & 0 & 1 & 0 & 1 & 0 & 1 \end{bmatrix}$$

利用可变模糊组合预测方法按上述预测过程对矿井瓦斯涌出量进行预测。得到的聚类结果与文献[190]的完全一致。由表 4-1，该矿井的瓦斯涌出量在 2.5~9 之间，根据聚类结果可将其分为 3 类，即Ⅰ类：(2.5，4.3]；Ⅱ类：(4.3，6.5]；Ⅲ类：(6.5，9]。按 4 组权重的最终预测结果均为：1 号样本的瓦斯涌出量在区间(6.5，9]内；2 号样本的瓦斯涌出量在区间(4.3，6.5]内；3 号样本的瓦斯涌出量在区间(2.5，4.3]内。对照实测数据 7.8，4.78，3.56，预测结果与实际相符。

3. 第三组

将表 4-1 中除了 4 号、8 号以外的样本作为已知样本，用于建立预测模型；将 4 号、8 号样本作为未知样本，用于预测检验。

对除了 4 号、8 号以外的样本数据进行规格化处理，得到指标特征值相对隶属度矩阵：

$$\boldsymbol{R}_1 = \left[\begin{matrix} 0.8448 & 0.5302 & 0.0517 & 0.6121 & 0 & 0.5129 & 0.2069 & 0.6681 \\ 0.9778 & 0.2444 & 0 & 0.2444 & 0.0444 & 0.1556 & 0.0889 & 0.2667 \\ 0.7673 & 0.5200 & 0.0800 & 0.6145 & 0 & 0.3200 & 0.1745 & 0.6400 \\ 0.9651 & 0.3233 & 0 & 0.3456 & 0.0446 & 0.1373 & 0.2125 & 0.3967 \end{matrix}\right.$$

$$\left.\begin{matrix} 0.7845 & 0.4655 & 0.8578 & 0.1034 & 1.0000 \\ 0.9111 & 0.2222 & 0.9556 & 0.1111 & 1.0000 \\ 0.8327 & 0.4727 & 0.8800 & 0.2400 & 1.0000 \\ 0.8356 & 0.2956 & 0.8043 & 0.1969 & 1.0000 \end{matrix}\right]$$

ε, c 及权重与第一组相同，参考文献[175]的结果，并根据相对隶属度最大原则，有

$$\boldsymbol{u}^0 = \begin{bmatrix} 0 & 0 & 1 & 0 & 1 & 0 & 1 & 0 & 0 & 0 & 0 & 1 \\ 0 & 1 & 0 & 1 & 0 & 1 & 0 & 1 & 0 & 1 & 0 & 0 \\ 1 & 0 & 0 & 0 & 0 & 00 & 0 & 1 & 0 & 1 & 0 & 1 \end{bmatrix}$$

利用可变模糊组合预测方法按上述预测过程对矿井瓦斯涌出量进行预测。得到的聚类结果与文献[190]的完全一致。由表 4-1，该矿井的瓦斯涌出量在 2.5~9 之间，根据聚类结果可将其分为 3 类，即Ⅰ类：(2.5，4.3]；Ⅱ类：(4.3，6.5]；Ⅲ类：(6.5，9]。按 4 组

权重的最终预测结果均为：4 号样本属于第Ⅲ类，即 4 号样本的瓦斯涌出量在区间(6.5，9]内；8 号样本属于第Ⅰ类，即 8 号样本的瓦斯涌出量在区间(2.5，4.3]内。对照实测数据 8.51，2.97，预测结果与实际相符。

4. 结果分析

由上述 3 组实例的预测结果可知，可变模糊组合预测方法是合理且有效的。通过变换权重进行预测的结果表明，利用可变模糊组合预测方法所得的预测结果稳定性好，可用于该矿井瓦斯涌出量的预测工作中。

通过对第三组预测结果的分析，当选取该矿井瓦斯涌出量在 3~8 之间时，无论是 4 号样本还是 8 号样本均与实际不符，不能得到正确的预测结果。因此，样本瓦斯涌出量总体区间的选取是保证预测结果正确的关键。为确保瓦斯涌出量总体区间的选取能够覆盖所有样本的瓦斯涌出量值，要求样本数量足够大，而且样本的瓦斯涌出量值分布均匀，具有代表性。

第五节　本章小结

可变模糊组合预测方法很好地实现了对样本的分类与预测，通过对某矿井瓦斯涌出量的预测及其结果分析，得出如下结论：

①将本书中提出的可变模糊组合预测方法应用于矿井瓦斯涌出量的区间预测，所得预测结果稳定、可靠，符合实际情况，为矿井瓦斯涌出量预测提供了一条新途径；

②可变模糊组合预测方法是可变模糊聚类与可变模糊模式识别的有机融合，其实质是一种区间预测，所得预测结果为一预测区间，其“可变”体现在权重向量的可变性上。

第五章 基于可变模糊集的系统安全决策

第一节 引 言

最早把决策概念引入管理理论的是20世纪30年代美国学者Chester Barnard和E. Stain。20世纪60年代初期，美国学者Herbert A. Simon，James G. March等人进一步发展了Barnard的理论，创立了现代决策理论。在我国，早在20世纪50年代，华罗庚教授就开始研究统筹法和优选法，并且推广应用于工程技术实践。

决策理论应用于解决系统安全领域中的相关决策问题，便形成了安全决策。近年来，随着安全问题日益受到重视，安全决策的研究有了长足的发展和进步。其中，方案优选问题作为安全决策的核心内容更是受到学术界的广泛关注，已成为系统安全理论中的一个研究热点[194-206]。方案优选的手段，也从以通过开会拍板决定为代表的主观性决策，向以科学理论为基础的客观性决策过渡。这一过程中，出现了一系列决策理论模型与方法，如层次分析方法[194]、模糊决策方法[195]、灰色关联分析决策方法[196]、灰局势决策方法[197]、神经网络方法[198-199]、可拓决策方法[200]、流变-突变理论决策方法[201]、效用模型方法[202]、基于信息熵评价决策方法[203]，等等。但上述方法因仅使用一个模型，而且有些方法存在自身理论上的缺陷与不足，加之方案优选问题的模糊性和动态发展态势，很难得到稳定可靠的决策结果，给决策者进行最终决策带来了困难。可变模糊优选方法[40-49]实质是多模型组合评价决策，其评价结果稳定、可靠，而且该方法特别适合于解决带有模糊性、动态性的决策问题。因此，利用可变模糊优选方法来解决方案优选问题是可行和有效的。

本章针对系统安全决策中的核心——方案优选问题，采用可变模糊优选模型与方法，以公共安全领域中的应急指挥决策和安全经济领域中的安全投资决策为例进行研究，为系统安全决策优选提供了更为可靠的理论和方法体系。

第二节　系统安全决策概述

安全决策[167]贯穿于整个安全管理过程，是安全管理的重要内容。科学的安全决策的水平直接影响安全管理的水平和效率。安全管理者应提高科学安全决策的水平，力求把安全决策做得正确、合理、经济、高效。

一、系统安全决策的含义

安全决策[125, 167]就是针对生产活动中需要解决的特定安全问题，根据安全标准、规范和要求，运用现代科学技术知识和安全科学的理论与方法，提出各种安全措施方案，经过分析、论证与评价，从中选择最优方案，并予以实施的过程。

理解安全决策的含义，必须把握以下要点[207]。

①安全决策是一个过程，在这个过程中，要按一定程序进行一系列的安全科学研究。

②安全决策是为了达到一个既定目标，没有安全目标就无法进行安全决策；安全目标不准确或错误，就是安全失策。

③安全决策总是要付诸实施的。因此，围绕安全目标拟定各种实施方案是安全决策的基本要求。

④安全决策的核心是选优。任何一项安全决策必须要充分考虑各种影响因素，制订多种方案，并从中选取满意的方案。

⑤安全决策要考虑到实施过程中不断变化的情况，还要考虑到实现安全目标之后的社会效果。

⑥安全决策是指科学安全决策和民主安全决策，而非任意的一种安全决策。为此，在现代企业安全生产管理中，必须要运用科学的方法，并尽量集中职工和集体的智慧。

二、系统安全决策的要素

安全决策的要素包括[124-125, 167]决策单元和决策者、准则体系、决策结构和环境以及决策规则等。

(1)决策单元和决策者

决策单元包括决策者及共同完成决策分析研究的决策分析者，以及用以进行信息处理的设备。决策单元的工作是接受任务、输入信息、生成信息和加工生成智能信息，从而产生决策。

决策者是指对所研究问题有权力、有能力作出最终判断和选择的个人或集体。其主要责任在于提出问题，规定总任务和总需求，规定价值判断和决策规划，提供倾向性意见，抉择最终方案并组织实施。

(2)准则体系

准则体系也称指标体系。对于一个有待决策的安全问题，必须首先定义其指标体系。在现时的决策问题中，准则一般具有层次结构，包含目标和属性两类，形成多层次的指标体系，如图 5-1 所示。

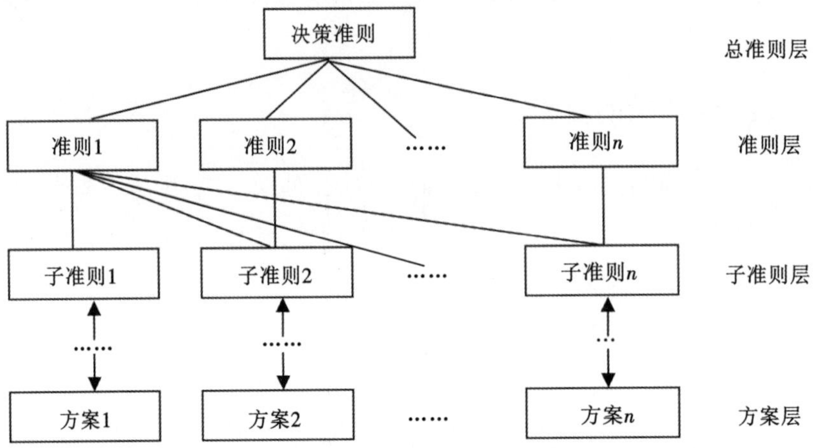

图 5-1　准则体系的层次结构

(3)决策结构和环境

决策结构是指决策系统的组成、结构、边界条件以及所处的环境。决策结构包括决策问题的输入类型、数量、决策变量以及测量类型等因素，还包括决策变量和属性之间以及属性与准则之间的关系。

决策变量是决策的客观对象，可以是连续的，也可以是离散的。在安全系统中，由于变量之间、变量与属性之间的结构过于复杂，有许多是半结构化甚至非结构化的形式，很难给出形式化的描述，因此，决策变量是以有限个离散的被择方案形式出现的。决策变量的两种类型导致了两类不同的决策方法，即多目标决策(对应连续型决策变量)和多属性决策(对应离散型决策变量)。

决策环境可分为确定性环境和不确定性环境。前者是指出现可能性很大的环境，后者是指出现可能性很小的环境。

(4)决策规则

决策就是要从众多备选方案中选择一种付诸实施的方案，作为最终的抉择。在作出最终抉择的过程中，要按照多准则问题方案的全部属性值的大小进行排序，从而依序择优。这种促使方案完全序列化的规则，称为决策规则。

三、系统安全决策的程序

安全决策的程序有 8 个阶段[2]，如图 5-2 所示。

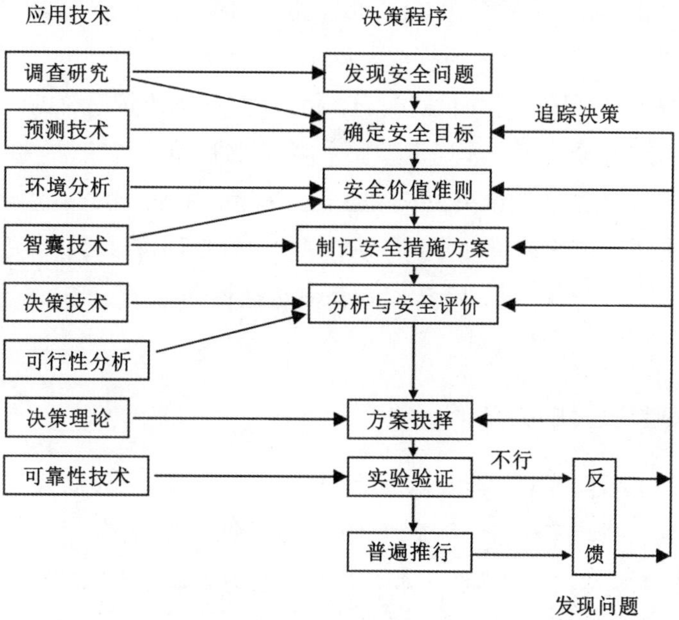

图 5-2　安全决策的程序

由图 5-2 知，系统安全预测与评价是系统安全决策的前提和基础。

四、系统安全决策的类型

由于决策目标的性质、决策的层次和要求的差别，决策可有多种[125, 167]。

(1)系统安全管理决策

它是指解决全局性重大问题的高层决策，主要解决安全方针、政策、规划、安全管理体制、法规、监督监察及推进安全事业发展等方面的决策。此类决策是基础性决策，涉及范围广、影响时间长。

(2)工程项目建设的安全决策

它是指为保证新建、改建、扩建的工程项目能安全地投入生产，对工程项目设计进行安全论证、审核与安全评价方面的决策。此处涉及厂址选择、厂房布局、厂房结构、工艺过程、设备布置等一系列问题，必须对其一一作出决策。

(3)企业安全管理决策

它是指为健全、改善和加强企业的安全管理所进行的计划、组织、协调、控制及预测和预防事故等方面的决策。

预测和预防事故是安全管理决策的主要课题之一。导致事故发生的直接原因是设备的不安全状态、人的不安全行为和作业环境不良。预防事故的对策是采取有效的技术措施，加强安全教育和安全管理。

(4)事故处理决策

它是指在事故发生之后采取的处置方法、调查、分析等的对策。事故处置方法决策必须迅速、果断，虽不能万无一失，也要尽可能完善，因为稍有差错就可能使事故灾害扩大，造成更大的损失。

另外，安全决策还可从多种角度进行分类[207]。如根据决策系统的约束条件和随机性原理可分为确定型安全决策和非确定型安全决策，按决策要求获得答案数目的多少或相互关系的情况可分为静态安全决策和动态安全决策，等等。总之，企业的安全管理者要充分了解和掌握系统安全决策的分类方法，以便更好地理解自己所要面临的安全决策问题的性质、作用和地位等，有利于安全决策者选择相应的方法和技术，从而提高安全决策水平。

五、系统安全决策的方法

安全决策是一门交叉学科，涉及运筹学、概率论、控制论、模糊数学、安全心理学、安全行为学、计算机科学等众多学科领域。传统的安全决策方法[2, 124-125, 167]包括：确定性多属性决策方法(如优势法、连接法、分离法等)、智力激励方法(如专家评审法、德尔菲法等)、评分法、决策树法、技术经济评价法、ABC分析法、稀少事件评价法等。随着现代数学方法的蓬勃发展，涌现出了许多新型安全决策方法，如基于模糊数学的决策方法、基于灰色系统理论的决策方法、基于可拓学的决策方法，等等。这些安全决策方法各有优点，也存在如下一些共性问题[125]。

(1)安全决策中存在主观因素

决策是由决策者作出的，决策者的主观因素势必会影响决策过程。因此，决策者的主观估计要尽可能符合客观实际，使主观随意性尽可能少。

(2)决策结果不可能是最理想的答案

由于受到时间、投资、技术等条件的限制，加之权系数和诸指标的目标值本身不是十全十美的，因此多指标决策问题很难甚至不可能获得最优解，仅能得到满意解或近似最优解。

(3)决策的目的在于进行方案的比较

无论哪种决策方法，最终目的是综合评价时便于比较方案的优劣。因此，方案优选作为安全决策的核心内容，其研究备受瞩目。

第三节　可变模糊优选模型与方法

可变模糊优选模型[7]即可变模糊模式识别2级模型，是可变模糊识别模型的简化。它不需要知道指标的标准特征值，求解比较简单，而且该模型方法能得到与可变模糊模式识别模型一致的结果。因此，可变模糊优选法可用于工程技术领域的各种优选、识别与决策问题的求解。

可变模糊优选决策方法的步骤如下。

(1)根据指标特征值矩阵 $\boldsymbol{X}$ 确定指标相对优属度矩阵：

$$\boldsymbol{R}=(r_{ij}) \tag{5.1}$$

对于越大越优(效益)型指标，其相对优属度按下式处理：

$$r_{ij}=\frac{x_{ij}}{\max\limits_{j} x_{ij}} \tag{5.2}$$

对于越小越优(成本)型指标，其相对优属度按下式处理：

$$r_{ij}=\frac{\min\limits_{j} x_{ij}}{x_{ij}} \tag{5.3}$$

(2)确定指标权向量 $\boldsymbol{W}$。若非归一化，则应作归一化处理。

(3)根据下式求解各方案在 4 种模型下的相对优属度向量 $\boldsymbol{u}_h(h=1,2,3,4)$：

$$\boldsymbol{u}_h=\left\{1+\left[\frac{\sum\limits_{i=1}^{m}(w_i\left|r_{ij}-1\right|)^p}{\sum\limits_{i=1}^{m}(w_i r_{ij})^p}\right]^{\frac{\alpha}{p}}\right\}^{-1} \tag{5.4}$$

式中，w_i——指标权重；

α——优化标准参数，$\alpha=1$ 为最小一乘方准则，$\alpha=2$ 为最小二乘方准则；

p——距离参数，$p=1$ 为海明距离，$p=2$ 为欧氏距离。

α，p 称为可变模糊模型参数，通常有 4 种组合[7]。

①$\alpha=1$，$p=1$ 时，式(5.4)变为模糊综合评判模型(线性模型)($h=1$)：

$$u_1=\sum_{i=1}^{m} w_i r_{ij} \tag{5.5}$$

②$\alpha=1$，$p=2$ 时，式(5.4)变为 TOPSIS 理想点模型(非线性模型)($h=2$)：

$$u_2=\left\{1+\left[\frac{\sum\limits_{i=1}^{m} w_i\,(r_{ij}-1)^2}{\sum\limits_{i=1}^{m}(w_i r_{ij})^2}\right]^{\frac{1}{2}}\right\}^{-1} \tag{5.6}$$

③$\alpha=2$，$p=1$ 时，式(5.4)变为 Sigmoid 激励函数模型(非线性模型)($h=3$)：

$$u_3=\left[1+\left(\frac{1-\sum\limits_{i=1}^{m} w_i r_{ij}}{\sum\limits_{i=1}^{m} w_i r_{ij}}\right)^2\right]^{-1} \tag{5.7}$$

④$\alpha=2$，$p=2$ 时，式(5.4)变为经典模糊优选模型(非线性模型)($h=4$)：

$$u_4=\left[1+\frac{\sum\limits_{i=1}^{m} w_i\,(r_{ij}-1)^2}{\sum\limits_{i=1}^{m}(w_i r_{ij})^2}\right]^{-1} \tag{5.8}$$

(4)计算 $\boldsymbol{u}_h(h=1, 2, 3, 4)$ 的平均值，得到方案平均相对优属度向量 $\overline{\boldsymbol{u}}$。

(5)优选决策。根据 $\overline{\boldsymbol{u}}$ 中各方案对应的相对优属度，按从大到小对方案进行排序，相对优属度大者方案优先。

第四节　基于可变模糊优选方法的应急指挥决策

一、应急指挥决策问题

各类突发事件的日益增多，导致应急救援问题[208-211]越发突出，应急救援成为有效控制事态发展、减缓灾情蔓延、减少受灾损失的关键所在。应急指挥决策在应急救援过程中有着举足轻重的地位，在短时间内作出正确、科学、合理的决策，无疑会使灾情得到最有效的控制，并使人员伤亡和经济损失降至最低；反之，将会造成不可估量的损失和无法挽回的后果。因此，指挥者在进行决策活动时，需要在充分了解任务、判断情况、听取建议的基础上，拟订多种作战方案，并对每种方案的作战效益、作战风险、实施难易程度等进行多方面的分析、权衡，作出实际的评价和估量，以便从中选择最优方案，作为最终作战策略。

目前，在应急救援指挥决策中，作战方案的优选问题主要还是指挥者依靠个人的知识、经验和观点来作出判断的。由于指挥者在各方面素质上的差异，不同的指挥员所作出的选择也不相同。很明显，这种个人经验式的主观决策存在较大的弊端，既不科学也不严谨。因而在进行应急救援作战方案优选时，应当寻求一种更为科学的、能对待选方案进行全面比较的方法，通过它来衡量每个待选方案的优劣。关于这方面的研究，已有一些文献论述[197, 202-204]，但这些方法均因选用单个模型对决策方案进行优选，往往不能确保最后决策的科学性和可靠性。而可变模糊优选方法[40-49]实质是多模型组合评价决策，其评价结果稳定、可靠，而且该方法特别适合解决带有模糊性、动态性的决策问题。为此，将可变模糊集方法应用于应急救援决策中的作战方案优选问题上，能够为应急决策指挥者作出正确的决策提供科学可靠的理论依据。

二、应用实例

为验证本书提出的可变模糊优选决策方法的可行性和有效性，选取“消防灭火救援指挥决策”[202]和“突发公共事件应急处置指挥决策”[203]两个典型算例进行试算。为增强可比性，可变模糊优选决策方法的权重仍取文献[202]～[203]中的权重。

1. 实例一

选取文献[202]中的实例进行方案优选。在一场大规模的灭火救援作战过程中，火场指挥部进行火情侦察、了解任务、判断情况，定下作战决心并拟订了4种作战方案，每种方案由作战目标、作战效益、作战风险以及作战灵活性等4项指标构成。

①作战目标。作战方案是达成作战目标的行动计划与途径，评估优选一种灭火救援作战方案，必须看它符合灭火救援作战目标要求的程度如何。它属于效益型指标。

②作战效益。作战效益是指战果与付出代价的比值，是评估优选作战方案的基本依据。一般来讲，作战效益越大，则方案越好。在评判一种方案的优劣时，作战效益是一个非常重要的指标。它属于效益型指标。

③作战风险。风险度是指在付出一定代价的前提下，为实现作战目标所需的各项条件下，已经具备的条件和尚未具备的条件之间的比例。通常情况下，已经具备的有利条件多，胜利的把握性就大，所承担的风险就小。对于战果明显但风险极大、把握性较小的作战方案，要慎重选择。它属于成本型指标。

④作战灵活性。灵活性是消防部队进行灭火救援时对火场情况变化的适应度。优选作战方案时要考虑其是否具有一定的灵活性，以适应火场复杂多变的情况。它属于效益型指标。

每种作战方案的指标值由现场专家打分获得，见表5-1。

表5-1　　4种作战方案

方案	作战目标	作战效益	作战风险	作战灵活性
A	0.90	0.75	0.75	0.75
B	0.75	0.90	0.75	0.60
C	0.60	0.60	0.60	0.90
D	0.75	0.90	0.90	0.75

指标权重向量为[203] $\boldsymbol{W}=(0.28,\ 0.47,\ 0.136,\ 0.114)$。

根据第三节中优选决策步骤进行优选。

首先，由表5-1得到指标特征值矩阵：

$$\boldsymbol{X}=\begin{bmatrix}0.90 & 0.75 & 0.60 & 0.75\\0.75 & 0.90 & 0.60 & 0.90\\0.75 & 0.75 & 0.60 & 0.90\\0.75 & 0.60 & 0.90 & 0.75\end{bmatrix}$$

根据式(5.2)、(5.3)得到指标相对优属度矩阵：

$$\boldsymbol{R}=\begin{bmatrix}1.0 & 0.833 & 0.667 & 0.833\\0.833 & 1.0 & 0.667 & 1.0\\0.8 & 0.8 & 1.0 & 0.667\\0.833 & 0.667 & 1.0 & 0.833\end{bmatrix}$$

然后，根据式(5.4)得到各方案在4种模型下的相对优属度向量为

$$\boldsymbol{u}_1=(0.8753, 0.8881, 0.7503, 0.8889)$$

$$\boldsymbol{u}_2=(0.8547, 0.9852, 0.6901, 0.8885)$$

$$\boldsymbol{u}_3=(0.9801, 0.9844, 0.9007, 0.9846)$$

$$\boldsymbol{u}_4=(0.9719, 0.9852, 0.8322, 0.9844)$$

于是，方案平均相对优属度向量为

$$\bar{\boldsymbol{u}}=(0.9205, 0.9607, 0.7933, 0.9366)$$

则消防灭火救援方案的排列顺序为：B，D，A，C，即最优方案为B。

2. 实例二

以某地区地铁爆炸事故的处置为例[203]。假定有A，B，C，D 4种不同的应急指挥决策方案，每种方案有5项指标，即应急处置方案可行性、处置时效性、人员参与情况、处置风险性、处置灵活性。

①方案可行性，即方案在利用现有的人员、装备、技战术手段和现场客观条件下达成决策目标的可操作或实施的程度。可行性强的评价标准是：主要情况判断准确、基本措施到位、现场条件和力量可以实施。它是评估优选应急处置方案的基本依据。显然，应急处置方案的可行性越大越好。在评判一种处置方案时，其处置效能是一项非常重要的指标。它属于效益型指标。

②处置时效性，即预测方案实施后在尽可能短的时限内，以尽可能小的代价达成决策目标的程度。在评价过程中考虑的标准应是：方案实施需要的准备时间长短；方案所采用的技战术方法是否简捷有效；方案实施所需投入的人力、物力和财力是否较少。

③人员参与情况，即在某次公共应急处置中参与的总人数与该地区可调度的总力量的比例。参与的总人数包括当地政府部门、消防部队、地铁运营公司、公安部门、医疗卫生部门等所有参战人员总数。应急处置中，参战人员数量越多，处置的总代价就越大。

④处置风险性，指在付出一定代价的前提下，为实现作战目标所需的各项条件下，在实施过程中施救人员和被困人员可能受到的生命威胁的程度，或因施救可能导致次生危害的程度。方案优选中考虑的因素有：可能危害的防范措施、现场具备的安全防护器材是否充足、施救人员是否具有处置同类险情的经验等。通常情况下，已经具备的有利条件多，成功处置的把握性就大，事故处置的风险就小。

⑤处置灵活性，指参战力量进行应急处置时对现场情况变化的适应度。优选应急处置方案时，要考虑其是否具有一定的灵活性，以适应处置现场复杂多变的情况。

每种方案的指标值由现场专家打分获得，见表5-2。

表 5-2　　突发公共事件应急处置方案

方案	方案可行性	处置时效性	人员参与情况	处置风险性	处置灵活性
A	0.95	0.80	0.72	0.60	0.60
B	0.85	0.70	0.56	0.70	0.70
C	0.90	0.60	0.64	0.80	0.65
D	0.80	0.50	0.48	0.75	0.80

指标权重向量为 $\boldsymbol{W}=(0.1937, 0.2036, 0.2032, 0.1983, 0.1985)$。

根据第三节中优选决策的步骤进行优选。

首先，由表 5-2 得到指标特征值矩阵：

$$\boldsymbol{X}=\begin{bmatrix} 0.95 & 0.85 & 0.90 & 0.80 \\ 0.80 & 0.70 & 0.60 & 0.50 \\ 0.72 & 0.56 & 0.64 & 0.48 \\ 0.60 & 0.70 & 0.80 & 0.75 \\ 0.60 & 0.70 & 0.65 & 0.80 \end{bmatrix}$$

根据式(5.2)、(5.3)得到指标相对优属度矩阵：

$$\boldsymbol{R}=\begin{bmatrix} 1.0 & 0.895 & 0.947 & 0.842 \\ 1.0 & 0.875 & 0.75 & 0.625 \\ 0.667 & 0.857 & 0.75 & 1.0 \\ 1.0 & 0.857 & 0.75 & 0.8 \\ 0.75 & 0.875 & 0.813 & 1.0 \end{bmatrix}$$

然后，根据式(5.4)得到各方案在 4 种模型下的相对优属度向量为

$$\boldsymbol{u}_1=(0.8827, 0.8711, 0.8007, 0.8524)$$

$$\boldsymbol{u}_2=(0.8266, 0.8704, 0.7892, 0.8072)$$

$$\boldsymbol{u}_3=(0.9826, 0.9786, 0.9417, 0.9709)$$

$$\boldsymbol{u}_4=(0.9578, 0.9783, 0.9334, 0.9461)$$

于是，方案平均相对优属度向量为

$$\bar{\boldsymbol{u}}=(0.9124, 0.9246, 0.8663, 0.8942)$$

则突发公共事件应急处置方案的排列顺序为：B，A，D，C，即最优方案为 B。

3. 结果分析

由实例一和实例二的计算结果可知，利用本书提出的可变模糊优选决策方法能够得到与文献一致的决策结论。而可变模糊优选决策方法，因为利用多模型进行综合优选，较文献[202]、[203]中的优选模型及方法更为科学、可靠，而且计算简捷明了，易于推

广，因此，在应急指挥决策方案优选问题上推荐使用可变模糊优选方法。

第五节　基于可变模糊优选方法的安全投资决策

一、安全投资决策问题

安全投资[212-215]是指为了提高企业的系统安全性、预防各种事故的发生、防止因工伤亡、消除事故隐患、治理尘毒等的全部费用。

一个国家、行业或部门，安全资源投入量的大小、投资比例增长速度的快慢、安全资源分配和投入的方向是否合理，直接关系着国家、行业或部门安全事业发展的规模和速度、安全水平的提高，关系着安全经济效能的发挥，从而影响着国家和企业的经济结构、技术结构和财政收支等能否合理、协调、稳定地发展和增长，关系着生产、生活的安全状态以及活动是否能有效地运行。因此，研究安全投资决策意义深远。

安全投资决策属于安全经济决策的范畴，当然就属于系统安全决策的研究内容。模糊性、动态性和不确定性是其显著特征。安全投资决策主要包括[212-215]：安全投资活动的决策、安全投资方向的决策和安全投资数量的决策。目前，安全投资主要分为5个投资方向[212-215]：安全技术投资、工业卫生投资、安全教育投资、劳动保护用品投资和日常安全管理投资。

一般地，企业安全生产状况不仅与安全投资额大小有关，而且与安全投资的配比有关。因此，在进行安全投资时，无论安全投资额能否满足企业实际需求，研究各安全分项投资的分配比例对于企业科学合理地作出正确决策都具有现实指导意义。

对企业以往的安全投资数据进行评价，可以客观、清晰地反映该企业历年安全投资状况和其中隐含的相对合理的安全投资结构分配比例。可变模糊优选方法[40-49]实质是多模型组合评价决策，其评价结果稳定、可靠，而且该方法特别适合解决带有模糊性、动态性和不确定性的决策问题。为此，本节利用可变模糊优选模型及方法对企业安全投资状况进行分析评价，以期为企业管理者在进行安全投资决策时提供有力的参考依据。

二、权重确定方法

可变模糊优选法的关键是解决在一系列样本（或方案）下各指标间的二元比较问题，即重要性的二元比较和优越性的二元比较。其中，重要性的二元比较的目的是确定各指标的相对隶属度，进而计算各指标的权重向量。重要性的二元比较的基本思路是：根据各指标的重要性排序，并结合描述重要性概念的一系列模糊语气算子、模糊标度以及相对隶属度关系[5, 147]确定各指标的相对隶属度，将相对隶属度向量归一化后即得到各指标的权重向量。在进行重要性的二元比较时，指标的重要性排序是需要首要解决的问题。

对于该问题，常采用的方法是凭借个人的知识、经验进行主观判断，并且各指标在不同样本下的重要性顺序也不尽相同。因此，各指标的重要性排序至关重要。灰色关联分析理论是分析系统指标重要性关系的有力工具[155, 216-217]。

基于以上分析，本节提出利用灰色关联分析方法确定各指标的重要性顺序，使结果更加客观、合理，符合实际。

灰色系统理论着重解决“小样本”“贫信息”不确定性问题，其特点是“少数据建模”。灰色系统理论中的灰色关联分析方法[155]得到了较为深入的研究，已成功地应用于评价、预测、优选、确定权重等。本节利用灰色关联分析方法对各指标进行重要性排序研究。

1. 灰色关联分析原理

灰色关联分析是一种分析系统中各因素关联程度的方法。根据序列曲线几何形状的相似程度来判断其联系是否紧密，曲线几何形状越相似，则对应的关联度越大；反之，就越小。对一个复杂的系统和现象进行分析时，首先要选准反映系统行为特征的数据序列，间接地表征系统行为，通过计算关联因素变量的数据序列和系统特征变量数据序列的灰色关联度，作出各个序列的图形，然后进行分析并得出结果。

2. 灰色关联分析的步骤

（1）确定参考数据列和比较数据列

参考数据列记为 X_0，它是由不同的比较数据列对应的观测值构成的，记为

$$X_0(k)=(X_0(1),\ X_0(2),\ \cdots,\ X_0(n))\quad(k=1,\ 2,\ \cdots,\ n)\tag{5.9}$$

被比较的数据列记为

$$X_i(k)=(X_i(1),\ X_i(2),\ \cdots,\ X_i(n))\quad(k=1,\ 2,\ \cdots,\ n)\tag{5.10}$$

式中，i——被比较数据列的数量。

（2）原始数据变换

原始数据变换方法有很多，主要有初值化处理、规格化处理和均值化处理。本节采用初值化处理方法。初值化处理就是用每一个比较数据列的第 1 个数 $x_i(1)$ 去除其他数 $x_i(k)$，记为

$$X_i'=\frac{x_i(k)}{x_i(1)}=(x_i'(1),\ x_i'(2),\ \cdots,\ x_i'(n))\quad(i=1,\ 2,\ \cdots,\ m)\tag{5.11}$$

得到的新数据列 X_k'就是不同时刻的值相对应于第 1 个时刻值的百分比。

（3）求差序列

$$\Delta_i(k)=|x_1'(k)-x_i'(k)|\quad(i=1,\ 2,\ \cdots,\ m;\ k=1,\ 2,\ \cdots,\ n)\tag{5.12}$$

（4）求两级最大差 M 和最小差 m

$$M=\max_i\max_k\Delta_i(k),\ m=\min_i\min_k\Delta_i(k)\tag{5.13}$$

(5)计算关联系数

$$\gamma_{0i}(k)=\frac{m+\xi M}{\Delta_i(k)+\xi M} \quad (i=1,2,\cdots,m;k=1,2,\cdots,n) \tag{5.14}$$

式中，ξ——分辨系数，$\xi\in(0,1)$。

(6)计算关联度

$$\Phi_k=\frac{1}{n}\sum_{i=1}^{n}\gamma_{0i}(k) \quad (k=1,2,\cdots,n) \tag{5.15}$$

(7)优势分析

根据灰色关联度大小确定指标因素的重要性排序。

三、应用实例

某化工企业的安全投资包括5类：安全技术投资(C_1)、工业卫生投资(C_2)、安全教育投资(C_3)、劳动保护用品投资(C_4)、日常安全管理投资(C_5)。该企业最近5年的各安全分项投资及事故直接经济损失(C_6)状况如表5-3所示。

表5-3　安全投资及事故直接经济损失统计　万元

年份序号	安全技术投资	工业卫生投资	安全教育投资	劳动保护用品投资	日常安全管理投资	安全投资总额	事故直接经济损失
1	19.2	11.5	1.9	32.6	1.5	66.7	16.9
2	62.3	18.4	1.4	25.2	1.1	108.4	15.2
3	80.4	23.6	1.3	37.1	0.9	143.3	16.1
4	75.6	13.9	0.8	54.2	1.2	145.7	23.8
5	75.8	25.1	0.7	36.1	1.7	139.4	23.5

根据第三节中优选决策的步骤进行优选。

首先，由表5-3得到指标特征值矩阵：

$$\boldsymbol{X}=\begin{bmatrix} 19.2 & 62.3 & 80.4 & 75.6 & 75.8 \\ 11.5 & 18.4 & 23.6 & 13.9 & 25.1 \\ 1.9 & 1.4 & 1.3 & 0.8 & 0.7 \\ 32.6 & 25.2 & 37.1 & 54.2 & 36.1 \\ 1.5 & 1.1 & 0.9 & 1.2 & 1.7 \\ 16.9 & 15.2 & 16.1 & 23.8 & 23.5 \end{bmatrix}$$

根据式(5.2)、(5.3)得到指标相对优属度矩阵：

$$
\boldsymbol{R}=\begin{bmatrix}
1.0000 & 0.3082 & 0.2388 & 0.2540 & 0.2533\\
1.0000 & 0.6250 & 0.4873 & 0.8273 & 0.4582\\
0.3684 & 0.5000 & 0.5388 & 0.8750 & 1.0000\\
0.7730 & 1.0000 & 0.6792 & 0.4649 & 0.6981\\
0.6000 & 0.8182 & 1.0000 & 0.7500 & 0.5294\\
0.8994 & 1.0000 & 0.9441 & 0.6387 & 0.6468
\end{bmatrix}
$$

利用灰色关联分析得到灰色关联度序列：

$$r=(0.4727,\ 0.6061,\ 0.6026,\ 0.6285,\ 0.6430,\ 0.7389)$$

根据 r 确定 6 个指标的重要性顺序依次为：C_6，C_5，C_4，C_2，C_3，C_1。根据以上重要性顺序，以 C_6 为标准与其他 5 个指标进行重要性的二元比较：C_6 与 C_5 相比属于稍稍与略为之间；与 C_4 相比属于略为；与 C_2 相比属于略为与较为之间；与 C_3 相比属于略为与较为中值和较为之间，且更接近于略为与较为中值；与 C_1 相比属于较为与明显之间。因此，根据上述分析及“模糊语气算子与模糊标度值、相对隶属度关系”得到 6 项指标的相对隶属度向量：

$$\boldsymbol{W}'=(0.4810,\ 0.6000,\ 0.5923,\ 0.6670,\ 0.7390,\ 1.0000)$$

对 $\boldsymbol{W}'$ 作归一化处理即得各指标因素的权重向量：

$$\boldsymbol{W}=(0.1179,\ 0.1471,\ 0.1452,\ 0.1635,\ 0.1812,\ 0.2451)$$

然后，根据式(5.4)得到各方案在 4 种模型下的相对优属度向量分别为

$$\boldsymbol{u}_1=(0.7740,\ 0.7577,\ 0.7017,\ 0.6471,\ 0.6111)$$

$$\boldsymbol{u}_2=(0.7303,\ 0.7353,\ 0.6958,\ 0.6366,\ 0.6057)$$

$$\boldsymbol{u}_3=(0.9215,\ 0.9073,\ 0.8470,\ 0.7708,\ 0.7117)$$

$$\boldsymbol{u}_4=(0.8800,\ 0.8853,\ 0.8396,\ 0.7543,\ 0.7024)$$

于是，各方案的平均相对优属度向量为

$$\bar{\boldsymbol{u}}=(0.8264,\ 0.8214,\ 0.7710,\ 0.7022,\ 0.6577)$$

从而各方案的排列顺序为：1，2，3，4，5，即最优方案为年份序号 1。

由上述结果可知，在最近 5 年中，年份序号 1 的安全投资状况最好，年份序号 5 的安全投资状况最差。因此，在下一年度进行安全投资决策时，可以将年份序号 1 的各项安全投资额在当年总投资额中所占的比例作为投资配比的参考，其各项安全投资百分比为 28.79%，17.24%，2.85%，48.87%，2.25%，并结合该企业当时面临的条件和环境等因素进行综合考虑，作出最终决策。

第六节　考虑决策者心理行为的变权可变模糊决策方法

对于多属性决策问题的求解，属性权重的确定、决策模型的选取和决策者心理行为至关重要[7, 218-221]，它们共同决定了决策结果的可靠性和合理性。属性权重的确定包括常权方法和变权方法两种方法，其中，变权方法因为兼顾属性状态值的动态可变性，可以较好地解释众多决策评价问题中出现的属性值不可转移问题，较常权方法更显科学合理，近年来得到了大力推广和应用[139-141, 222-223]。综合考虑常权和属性值的变权综合势必将成为确定属性权重的最佳选择。对于决策模型的选取，单一决策模型仍是众多决策者的首选，其往往会导致对于同一问题进行决策所得结果出现不一致性，降低了决策结果的可靠性。陈守煜教授提出的可变模糊优选模型[7, 224-226]是一种集模糊综合评判模型、TOPSIS、Sigmoid激励函数模型及经典模糊优选模型于一体的多模型体系，可以实现多模型组合决策的功能，自提出以来已经在船舶配载方案优选、陶瓷材料制备技术方案优选及应急指挥决策方案优选等众多领域得到了成功运用和验证。但可变模糊决策方法也存在不足，即其权重的可变性是通过任取不同权重实现的，缺乏实际科学内涵。现代决策理论与方法的发展充分体现了多学科交叉融合的主流态势，决策者作为决策过程中的主体，其心理行为对于产生最终决策的作用不可忽视[220-221, 227]。

综上，现有研究或是仅对属性权重的确定提供最佳途径[139-141, 222-223]，或是仅对决策者心理行为加以考虑[220-221]，或是仅考虑多模型的组合评价决策且未能体现其权重的可变性，或是对于属性权重的确定和决策者心理行为进行有机融合设计[227]，而缺乏对于属性权重、决策模型及决策者心理行为的全面综合考虑，这很难保证最终决策结果的科学合理性。为此，本节将变权理论和可变模糊理论进行有机结合，并考虑决策者的风险态度等心理行为，提出一种考虑决策者心理行为的变权可变模糊决策方法，并应用于酒店火灾应急决策问题中，以期使多属性决策问题的求解更具科学合理性。

一、考虑决策者心理行为的变权可变模糊决策方法

该决策方法的总体思路：首先根据决策者的风险态度构建状态变权向量；然后根据状态变权向量计算变权向量；最后结合可变模糊优选决策模型，利用简单算术平均法计算各决策方案的平均相对优属度，进而确定决策方案的优劣排序。

1. 变权原理及考虑决策者心理行为变权的确定

为避免常权在某些情况下违背各影响因素间的不可替代性缺陷，汪培庄[139]、李洪兴[140]等提出了变权原理，刘文奇[141, 222]、聂茂林[223]等对变权原理及应用进行了卓有成效的探索。实践和应用证明[139-141, 220-223, 227]，变权较常权更具合理性和科学性，是实现客观评价的有效途径。

变权的公理化定义：令 m 为指标因素数，n 为样本数，$\boldsymbol{X}_j=(x_{1j}, x_{2j}, \cdots, x_{mj})$ 为第 $j(j=1, 2, \cdots, n)$ 个样本因素状态向量，$\boldsymbol{W}^{(0)}=(w_1^{(0)}, w_2^{(0)}, \cdots, w_m^{(0)})$ 为常权向量，$\boldsymbol{S}_j(\boldsymbol{X}_j)=(\boldsymbol{S}_{1j}(\boldsymbol{X}_j), \boldsymbol{S}_{2j}(\boldsymbol{X}_j), \cdots, \boldsymbol{S}_{mj}(\boldsymbol{X}_j))$ 为第 j 个样本状态变权向量，$\boldsymbol{W}_j(\boldsymbol{X}_j)=(w_{1j}(\boldsymbol{X}_j), w_{2j}(\boldsymbol{X}_j), \cdots, w_{mj}(\boldsymbol{X}_j))$ 为第 j 个样本变权向量，则

$$\boldsymbol{W}_j(\boldsymbol{X}_j)=\frac{\boldsymbol{W}^{(0)}\boldsymbol{S}_j(\boldsymbol{X}_j)}{\sum_{k=1}^{m} w_k^{(0)}\boldsymbol{S}_{kj}(\boldsymbol{X}_j)} \tag{5.16}$$

令 $\boldsymbol{S}_j(\boldsymbol{X}_j)=(e^{\alpha(x_{1j}+1)}, e^{\alpha(x_{2j}+1)}, \cdots, e^{\alpha(x_{mj}+1)})$，其中，$\alpha$ 为变权因子，且 $\alpha>0$，则有

$$w_{ij}(x_{ij})=\frac{w_i^{(0)}e^{\alpha(x_{ij}+1)}}{\sum_{k=1}^{m} w_k^{(0)}e^{\alpha(x_{kj}+1)}} \tag{5.17}$$

构成 $\boldsymbol{W}_j(\boldsymbol{X}_j)$ 为风险型（或偏好风险型）激励型变权向量，式中，$i=1, 2, \cdots, m$。

令 $\boldsymbol{S}_j(\boldsymbol{X}_j)=(x_{1j}^{\alpha}, x_{2j}^{\alpha}, \cdots, x_{mj}^{\alpha})$，其中，$0<\alpha<1$，则有

$$w_{ij}(x_{ij})=\frac{w_i^{(0)}x_{ij}^{\alpha}}{\sum_{k=1}^{m} w_k^{(0)}x_{kj}^{\alpha}} \tag{5.18}$$

构成 $\boldsymbol{W}_j(\boldsymbol{X}_j)$ 为保守型（或厌恶风险型）激励型变权向量。

2. 方法执行步骤

步骤 1：根据属性特征值矩阵 $\boldsymbol{Z}=(z_{ij})$ 确定属性相对优属度矩阵 $\boldsymbol{X}=(x_{ij})$。

对于越大越优（效益）型属性，其相对优属度按式（5.2）处理；

对于越小越优（成本）型属性，其相对优属度按式（5.3）处理。

步骤 2：确定常权向量 $\boldsymbol{W}^{(0)}$。

步骤 3：利用式（5.17）、（5.18）确定变权向量 $\boldsymbol{W}_j(\boldsymbol{X}_j)$。

步骤 4：根据权重向量 $\boldsymbol{W}_j(\boldsymbol{X}_j)$，结合可变模糊优选决策模型[7]，利用式（5.4）计算各方案在 4 种决策模型下的相对优属度向量 $\boldsymbol{u}_h$。

步骤 5：利用简单算术平均法计算 $\boldsymbol{u}_h(h=1, 2, 3, 4)$ 的平均值，得到各决策方案的平均相对优属度向量 $\bar{\boldsymbol{u}}$。

步骤 6：根据 $\bar{\boldsymbol{u}}$，确定各决策方案的优劣排序，相对优属度大者决策方案优先。

二、实证分析

为验证本节所提方法的可行性和有效性，以文献［225］中的酒店火灾现场应急指挥决策为例，进行实例计算。根据酒店消防火灾应急指挥决策的目标和特点，选定灭火救援目标、灭火救援效益、灭火救援风险和灭火救援灵活性 4 个属性作为应急指挥决策的决策属性，形成决策属性集合 $C=\{C_1, C_2, C_3, C_4\}$ = {灭火救援目标，灭火救援效益，灭火救援风险，灭火救援灵活性}，其中，灭火救援目标、灭火救援效益及灭火救援灵活性

为效益型属性，灭火救援风险为成本型属性。在一场某酒店的灭火救援作战过程中，火场指挥部进行火情侦察、了解任务、判断情况，定下灭火救援决心并拟定了 4 种灭火救援方案，每种方案的属性及属性值如表 5-4 所示。属性常权向量为 $\boldsymbol{W}^{(0)}=(0.28,\ 0.47,\ 0.136,\ 0.114)$。

表 5-4　　4 种灭火救援方案

属性	方案			
	A_1	A_2	A_3	A_4
C_1	0.90	0.75	0.75	0.75
C_2	0.75	0.90	0.75	0.60
C_3	0.60	0.60	0.60	0.90
C_4	0.75	0.90	0.90	0.75

由表 5-4 可以得到属性特征值矩阵：

$$\boldsymbol{Z}=\begin{bmatrix} 0.9 & 0.75 & 0.75 & 0.75 \\ 0.75 & 0.9 & 0.75 & 0.6 \\ 0.6 & 0.6 & 0.6 & 0.9 \\ 0.75 & 0.9 & 0.9 & 0.75 \end{bmatrix}$$

根据式(5.19)、(5.20)得到属性相对优属度矩阵：

$$\boldsymbol{X}=\begin{bmatrix} 1.0 & 0.833 & 0.8 & 0.833 \\ 0.833 & 1.0 & 0.8 & 0.667 \\ 0.667 & 0.667 & 1.0 & 1.0 \\ 0.833 & 1.0 & 0.667 & 0.833 \end{bmatrix}$$

结合常权向量 $\boldsymbol{W}^{(0)}$，利用式(5.17)，取 $\alpha=1$，得到各决策方案的风险型激励型变权向量 $\boldsymbol{W}_j(\boldsymbol{X}_j)$ $(j=1,\ 2,\ 3,\ 4)$：

$$\boldsymbol{W}_1(\boldsymbol{X}_1)=(0.3212,\ 0.4563,\ 0.1118,\ 0.1107)$$

$$\boldsymbol{W}_2(\boldsymbol{X}_2)=(0.258,\ 0.5118,\ 0.1061,\ 0.1241)$$

$$\boldsymbol{W}_3(\boldsymbol{X}_3)=(0.2756,\ 0.4626,\ 0.1635,\ 0.0982)$$

$$\boldsymbol{W}_4(\boldsymbol{X}_4)=(0.2939,\ 0.4178,\ 0.1687,\ 0.1196)$$

进一步，利用式(5.4)计算各决策方案在 4 种决策模型下的相对优属度向量 $\boldsymbol{u}_h$，并计算 $\boldsymbol{u}_h(h=1,\ 2,\ 3,\ 4)$的平均值，得到各决策方案的平均相对优属度向量 $\overline{\boldsymbol{u}}$，见表 5-5。

表 5-5　结果比较

方法	决策方案				决策方案排序	灵敏度/%
	A_1	A_2	A_3	A_4		
风险型变权下可变模糊决策方法	0.9181	0.9541	0.8809	0.8383	A_2，A_1，A_3，A_4	3.77
保守型变权下可变模糊决策方法	0.9149	0.9503	0.8788	0.8326	A_2，A_1，A_3，A_4	3.73
常权下可变模糊决策方法	0.9205	0.9607	0.7933	0.9366	A_2，A_4，A_1，A_3	2.51

因此，根据优属度大者优先的原则，风险偏好型决策者对于酒店火灾应急决策各方案优劣的排序结果为 A_2，A_1，A_3，A_4，即决策方案 A_2为首选决策方案。

同理，利用式(5.18)，取 $\alpha=0.5$，得到各决策方案的保守型激励型变权向量 $\boldsymbol{W}_j(\boldsymbol{X}_j)$ $(j=1, 2, 3, 4)$，并结合式(5.4)，对酒店火灾应急决策问题进行计算求解，见表 5-5，表明风险厌恶型决策者对于酒店火灾应急决策各方案优劣的排序结果也为 A_2，A_1，A_3，A_4，即决策方案 A_2为首选决策方案。

由表 5-5，本节所提方法的决策结果与文献[225]中的常权可变模糊决策方法所得结果虽最优决策方案的选择一致，但其余各决策方案优劣的排列顺序存在较大差异。这表明在考虑决策者心理行为和各决策方案属性值变动的情况下，最终决策结果会有所改变。这符合科学决策主客观综合及动态可变性的内在要求。

为进一步衡量决策模型的决策效果，定义灵敏度的计算公式[228]如下：

$$S=\frac{M_{\text{method}}^{\max}-M_{\text{method}}^{\sec}}{M_{\text{method}}^{\max}}\times 100\% \tag{5.19}$$

式中，S——决策方法的灵敏度；

$M_{\text{method}}^{\max}$——各方案中最大决策值；

$M_{\text{method}}^{\sec}$——各方案中第二大决策值。

显然，灵敏度越大，方案间的差异就越大，越有利于决策。由表 5-5 可知，考虑决策者心理行为的变权可变模糊决策方法的灵敏度大于常权下可变模糊决策方法的灵敏度，因此，考虑决策者心理行为的变权可变模糊决策方法较文献中的常权下可变模糊决策方法更为优越。

第七节　基于后悔理论的变权可变模糊决策方法

2014 年的韩国世越号客轮沉船事故、2014 年的上海外滩拥挤踩踏事故、2015 年的东方之星旅游客船倾覆事故、2015 年的天津滨海新区爆炸事故、2015 年的麦加朝觐者踩踏事故等国内外一系列特别重大事故的发生，一再以血的事实警示世人应急管理工作的重要性。其中，应急指挥决策在整个应急管理工作中占据非常重要的地位，决策者的正确、及时、有效、科学、合理的现场决策对于灾情的有效控制至关重要[202-204]。夏登友等[202]建立了消防灭火救援决策指标体系及决策方案优选的效用模型，并以火灾应急指挥决策问题为例进行了实证分析，解决了以往个人经验式决策的不足。罗景峰等[225]提出了一种基于可变模糊集的优选决策方法，通过多模型组合决策很好地克服了夏登友等单一决策模型存在的结果不稳定的不足[7]，为应急指挥决策提供了一种新思路。但上述可变模糊应急指挥决策方法也存在不足，如不同决策方案采用相同的属性权重，即权重仍采用常权权重，这与决策过程中的动态可变性规律存在冲突。为此，有必要引入变权机制，以实现最终决策的可靠性和合理性。变权方法因为兼顾属性状态值的动态可变性，较常权方法更显科学合理，近年来得到了大力推广和应用[139-141, 222-223]。但变权方法也存在一些不足，如决策者在确定每种决策方案的变权权重时仅利用各方案属性值和初始常权直接确定，而缺乏与初始常权的动态比较调整机制，其结果将会影响各属性在决策过程中作用的真实贡献。后悔理论中的后悔值和欣喜值的概念[142-145]为变权权重相对于常权权重的动态实时调整提供了实现的可能。基于此，将变权机制和后悔理论融入可变模糊决策模型中，提出了基于后悔理论的变权可变模糊决策方法，以期为应急指挥决策提供更为客观合理的模型与方法体系。

一、基于后悔理论的变权可变模糊决策方法

根据变权原理[139-141]和后悔理论[142-144]，基于后悔理论的变权可变模糊决策方法的总体思路为：首先根据各决策方案的相对优属度及常权向量构造其对应的变权向量；然后计算变权向量相对于常权向量的后悔值、欣喜值，并据此对变权向量进行调整；最后根据调整后的变权向量，结合可变模糊优选决策模型，利用简单算术评价法计算各决策方案的平均相对优属度，进而确定决策方案的优劣排序。

基于后悔理论的变权可变模糊决策方法的具体步骤如下。

步骤 1：根据属性特征值矩阵 $\boldsymbol{Z}=(z_{ij})$ 确定属性相对优属度矩阵 $\boldsymbol{X}=(x_{ij})$。

对于越大越优（效益）型属性，其相对优属度按式(5.2)处理；

对于越小越优（成本）型属性，其相对优属度按式(5.3)处理。

步骤 2：确定初始常权向量 $\boldsymbol{W}^{(0)}$。

步骤 3：利用式(3.46)确定变权向量 $\boldsymbol{w}_{ij}(x_{1j}, x_{2j}, \cdots, x_{mj})$ $(j=1, 2, \cdots, n)$。

步骤 4：根据式(3.47)、(3.48)计算变权向量相对于常权向量的后悔值矩阵 $\boldsymbol{R}$、欣喜值矩阵 $\boldsymbol{G}$。

步骤 5：根据后悔值矩阵 $\boldsymbol{R}$ 或欣喜值矩阵 $\boldsymbol{G}$ 调整变权向量 $\boldsymbol{w}_{ij}(x_{1j}, x_{2j}, \cdots, x_{mj})$，即当属性的后悔值 $R_{ij}<0$（或欣喜值 $G_{ij}=0$）时，对应属性权重值调整回初始常权值；反之，当属性的后悔值 $R_{ij}=0$（或欣喜值 $G_{ij}>0$）时，不作调整。得到调整后的权重向量 $\boldsymbol{w}'_{ij}(x_{1j}$,

x_{2j}，…，x_{mj})，并对其进行归一化处理，得到最终权重向量 $\boldsymbol{w}_{ij}''(x_{1j}, x_{2j}, \cdots, x_{mj})$。

步骤 6：根据权重向量 $\boldsymbol{w}_{ij}''(x_{1j}, x_{2j}, \cdots, x_{mj})$，结合可变模糊优选决策模型[7]，利用式(5.4)计算各方案在 4 种决策模型下的相对优属度向量 $\boldsymbol{u}_h$。

步骤 7：利用简单算术平均法计算 $\boldsymbol{u}_h(h=1, 2, 3, 4)$的平均值，得到各决策方案的平均相对优属度向量 $\bar{\boldsymbol{u}}$。

步骤 8：根据 $\bar{\boldsymbol{u}}$，确定各决策方案的优劣排序，相对优属度大者决策方案优先。

二、实证分析

以第六节中的酒店火灾现场应急指挥决策为例，进行实例计算，4 种灭火救援方案的数据如表 5-4 所示。属性初始常权向量选取 $\boldsymbol{W}^{(0)}=(0.28, 0.47, 0.136, 0.114)$。

由表 5-4 可以得到属性特征值矩阵：

$$\boldsymbol{Z}=\begin{bmatrix} 0.9 & 0.75 & 0.75 & 0.75 \\ 0.75 & 0.9 & 0.75 & 0.6 \\ 0.6 & 0.6 & 0.6 & 0.9 \\ 0.75 & 0.9 & 0.9 & 0.75 \end{bmatrix}$$

根据式(5.2)、(5.3)得到属性相对优属度矩阵：

$$\boldsymbol{X}=\begin{bmatrix} 1.0 & 0.833 & 0.8 & 0.833 \\ 0.833 & 1.0 & 0.8 & 0.667 \\ 0.667 & 0.667 & 1.0 & 1.0 \\ 0.833 & 1.0 & 0.667 & 0.833 \end{bmatrix}$$

结合初始常权向量 $\boldsymbol{W}^{(0)}$，计算各决策方案的变权向量 $\boldsymbol{w}_{ij}(x_{1j}, x_{2j}, x_{3j}, x_{4j})(j=1, 2, 3, 4)$：

$$\boldsymbol{w}_{i1}(x_{11}, x_{21}, x_{31}, x_{41})=(0.303, 0.464, 0.12, 0.113)$$

$$\boldsymbol{w}_{i2}(x_{11}, x_{21}, x_{31}, x_{41})=(0.269, 0.495, 0.117, 0.119)$$

$$\boldsymbol{w}_{i3}(x_{11}, x_{21}, x_{31}, x_{41})=(0.281, 0.472, 0.122, 0.125)$$

$$\boldsymbol{w}_{i4}(x_{11}, x_{21}, x_{31}, x_{41})=(0.291, 0.436, 0.155, 0.118)$$

由于不同后悔规避系数仅对后悔程度或欣喜程度产生影响[142-144]，而对于后悔或欣喜感知结果不产生影响，故后悔规避系数可取大于 0 的任意值，不妨取 $\gamma=0.2$，计算各决策方案属性权重的后悔值矩阵 $\boldsymbol{R}$ 和欣喜值矩阵 $\boldsymbol{G}$ 如下：

$$\boldsymbol{R}=\begin{bmatrix} 0 & -0.0022 & 0 & 0 \\ -0.0012 & 0 & 0 & -0.0068 \\ -0.0032 & -0.0038 & -0.0028 & 0 \\ -0.0002 & 0 & 0 & 0 \end{bmatrix}$$

$$\boldsymbol{G}=\begin{bmatrix} 0.0044 & 0 & 0.0002 & 0.0022 \\ 0 & 0.005 & 0.0004 & 0 \\ 0 & 0 & 0 & 0.0038 \\ 0 & 0.001 & 0.0022 & 0.0008 \end{bmatrix}$$

根据后悔值矩阵 $\boldsymbol{R}$ 或欣喜值矩阵 $\boldsymbol{G}$ 调整变权向量 $\boldsymbol{w}_{ij}(x_{1j}, x_{2j}, x_{3j}, x_{4j})$，得到调整后的权重向量 $\boldsymbol{w}'_{ij}(x_{1j}, x_{2j}, x_{3j}, x_{4j})$：

$$\boldsymbol{w}'_{i1}(x_{11}, x_{21}, x_{31}, x_{41})=(0.303, 0.47, 0.136, 0.114)$$

$$\boldsymbol{w}'_{i2}(x_{12}, x_{22}, x_{32}, x_{42})=(0.28, 0.495, 0.136, 0.119)$$

$$\boldsymbol{w}'_{i3}(x_{13}, x_{23}, x_{33}, x_{43})=(0.281, 0.472, 0.136, 0.125)$$

$$\boldsymbol{w}'_{i4}(x_{14}, x_{24}, x_{34}, x_{44})=(0.291, 0.47, 0.155, 0.118)$$

对 $\boldsymbol{w}'_{ij}(x_{1j}, x_{2j}, x_{3j}, x_{4j})$进行归一化处理，得到最终权重向量 $\boldsymbol{w}''_{ij}(x_{1j}, x_{2j}, \cdots, x_{4j})$：

$$\boldsymbol{w}''_{i1}(x_{11}, x_{21}, x_{31}, x_{41})=(0.296, 0.459, 0.133, 0.112)$$

$$\boldsymbol{w}''_{i2}(x_{12}, x_{22}, x_{32}, x_{42})=(0.272, 0.481, 0.132, 0.115)$$

$$\boldsymbol{w}''_{i3}(x_{13}, x_{23}, x_{33}, x_{43})=(0.278, 0.465, 0.134, 0.123)$$

$$\boldsymbol{w}''_{i4}(x_{14}, x_{24}, x_{34}, x_{44})=(0.281, 0.455, 0.15, 0.114)$$

根据权重向量 $\boldsymbol{w}''_{ij}(x_{1j}, x_{2j}, \cdots, x_{4j})$，利用式(5.4)计算各决策方案在 4 种决策模型下的相对优属度向量 $\boldsymbol{u}_h$：

$$\boldsymbol{u}_1=(0.8604, 0.9106, 0.8104, 0.7825)$$

$$\boldsymbol{u}_2=(0.8469, 0.8971, 0.7992, 0.7256)$$

$$\boldsymbol{u}_3=(0.9743, 0.9905, 0.9481, 0.9283)$$

$$\boldsymbol{u}_4=(0.9683, 0.987, 0.9406, 0.8749)$$

计算 $\boldsymbol{u}_h(h=1, 2, 3, 4)$的平均值，得到各决策方案的平均相对优属度向量 $\bar{\boldsymbol{u}}$：

$$\bar{\boldsymbol{u}}=(0.9125, 0.9463, 0.8746, 0.8278)$$

最后，根据优属度大者优先的原则，得到酒店火灾应急指挥决策各决策方案优劣的排序结果，如表 5-6 所示。

表 5-6　决策结果比较

方法	决策方案				决策方案排序	灵敏度/%
	A_1	A_2	A_3	A_4		
基于后悔理论的变权可变模糊决策方法	0.9125	0.9463	0.8746	0.8278	A_2，A_1，A_3，A_4	3.57
常权可变模糊决策方法	0.9205	0.9607	0.7933	0.9366	A_2，A_4，A_1，A_3	2.51
效用模型决策方法	0.8780	0.8920	0.7530	0.8880	A_2，A_4，A_1，A_3	0.45

由表5-6可知，方案A_2为首选决策方案，这与常权可变模糊决策方法、效用模型决策方法一致，表明本节决策方法是可行和有效的；与常权可变模糊决策方法、效用模型决策方法相比，除了方案A_2外，其余各方案优劣的排序存在差异，这表明在考虑决策者行为和各决策方案属性值变动的情况下，最终的决策结果会有所改变，这更符合科学决策主客观综合及动态可变性的内在要求。

为进一步衡量决策模型的决策效果，利用灵敏度计算公式(5.19)计算各方法的灵敏度，如表5-6所示。由表5-6，基于后悔理论的变权可变模糊决策方法的灵敏度最大，常权可变模糊决策方法次之，效用模型决策方法最小，因此，基于后悔理论的变权可变模糊决策方法较文献中的其他方法更为优越。

三、结论

针对以往应急指挥决策方法的不足，将变权机制、后悔理论与可变模糊优选理论进行有机融合，提出了一种新的基于后悔理论的变权可变模糊应急指挥决策新方法，并通过应用于酒店火灾应急指挥决策问题验证了所提新方法的可行性、有效性和优越性。

基于后悔理论的变权可变模糊应急指挥决策方法较以往的决策方法的优势在于：通过后悔理论与变权理论的有机融合，兼顾了决策者行为和决策属性值变动对于决策结果的影响，使权重的确定更为客观合理，进而增强了决策结果的客观合理性。

第八节 本章小结

①将可变模糊优选模型及方法引入安全科学领域，以应急指挥决策方案优选问题和安全投资决策问题为例进行了实例验证与分析，通过与文献中方法的比较，验证了可变模糊优选方法的可行性、有效性，为可变模糊集理论在系统安全决策中的推广和应用进行了有益探索。

②在分析了二元比较模糊决策分析法的基础上，改进了重要性的排序方法，提出了基于灰色关联分析与二元比较模糊决策分析法结合的权重确定方法，从而减少了权重确定过程中的主观性，使权重的确定更加客观合理。

③可变模糊优选决策方法利用4种不同的模型进行求解并综合取均值，较单一计算模型更为科学合理，且保证了最终决策方案的可靠性。

④考虑决策者心理行为的变权可变模糊决策方法较以往方法的优势在于：考虑了决策者决策时的心理行为特征，符合决策科学的有限理性特质；权重的确定摒弃了以往常权综合的缺陷，充分利用各方案各属性值的有用信息，很好地诠释了多属性决策中的属性值不可转移问题，使权重的确定更为科学合理；可变模糊决策模型是模糊综合评判模型、TOPSIS、Sigmoid激励函数模型及经典模糊优选模型等4种决策模型的有机综合，能

够最大限度地避免单一决策模型导致决策结果不一致或不可靠的不足，提高了决策结果的可靠性程度；变权综合与可变模糊优选模型的结合，也在某种程度上解决了可变模糊优选模型应用过程中权重的可变性问题，使可变模糊决策模型与方法更趋合理化。

⑤基于后悔理论的变权可变模糊应急指挥决策方法较以往的决策方法的优势在于：通过后悔理论与变权理论的有机融合，兼顾了决策者行为和决策属性值变动对于决策结果的影响，使权重的确定更为客观合理，进而增强了决策结果的客观合理性。

第六章　基于可变模糊集的系统可靠性评价

第一节　引　言

可靠性最初的研究始于20世纪40年代美国对电子真空管的失效分析。它经历了从军工到民用、从低级到高级、从简单到复杂、从局部到系统的发展历程，至今已经成为一门内容丰富、理论体系完善、应用领域广泛的工程技术学科。随着科技的进步和可靠性技术的不断发展，各类产品的质量不断得到提升，可靠性已经成为检验产品质量不可或缺的一项重要指标。试想我国发射的神舟系列飞船，若没有高可靠性作为保证，其结果是可想而知的。

系统可靠性评价或称系统可靠性评估属于系统可靠性管理的范畴，是系统可靠性研究的重要内容之一，它对系统可靠性设计具有指导意义。目前，系统可靠性评价工作主要集中在：根据系统可靠性指标的精确计算来评价系统可靠性程度[229-238]；根据所建立的系统可靠性评价指标体系模型对系统可靠性进行综合评价[239-248]。前者的研究历史久远，理论成熟，应用广泛；后者的研究起步较晚，但发展迅速，取得了丰硕的研究成果。

对复杂系统或企业进行系统可靠性综合评价，有利于对系统或企业进行可靠性管理的实现，从而保证系统安全可靠地运转。针对系统可靠性综合评价的研究，其评价方法主要有模糊数学方法、神经网络方法、层次分析方法、灰色系统方法、物元可拓方法等。这些评价方法[7]或多或少都存在一些不足、缺陷，从而导致评价结果失真的情况。而像系统可靠性评价这类事关系统成败的重大问题，要求评价结果必须科学、合理、可靠。

系统可靠性评价的目的是找出影响系统可靠性的薄弱环节，从而指导生产，保障系统安全，实现高产、高效地生产。因此，研究系统可靠性对于实现安全生产和系统安全意义重大。

基于以上分析，本章将可变模糊集理论与模型引入系统可靠性综合评价领域中，提出了基于可变模糊集的系统可靠性评价方法，并以配电系统可靠性综合评价为例进行了方法的验证。

第二节　系统可靠性概述

一、系统可靠性的定义[249-252]

系统可靠性(度)表示系统在规定的条件和规定的时间内完成规定功能的能力(概率)。很显然，在不同的条件下，同一系统的可靠性是不同的，离开具体条件谈论可靠性是没有意义的。系统的可靠性是一个与时间密切相关的属性，使用时间越长越不可靠。“规定的时间”是该定义的核心，将可靠性用时间直接或间接地描述出来。“规定功能”是指系统重要的性能指标和技术要求。在规定的时间内，系统的性能指标和技术要求越高，允许变化的范围越小，其完成“规定功能”的可能性就越小，可靠性水平就越低。当产品不能按规定功能运行或丧失规定功能时，称之为故障状态或失效，即不可靠状态。

系统可靠性理论体系包括可靠性预测、可靠性分配、可靠性优化和可靠性实验等。可靠性预测，即在设计系统阶段，按元件、子系统、系统，逐一评估可靠性指标，从而找出其薄弱环节，以使系统达到最大可靠性；可靠性分配，即根据系统与元件之间的可靠性功能关系将系统可靠性指标在元件之间进行合理分配，也就是按系统、子系统、元件，逐一地落实可靠性指标；可靠性优化，即运用最佳备用设计、故障诊断技术和最佳预防措施来解决系统设计、制造和运行中的优化问题，使之在满足一定可靠性的前提下，使系统各方面性能达到综合的最佳组合；可靠性实验，贯穿在系统的规划、设计、制造和运行的全过程，包括评价实验、证实试验、生产试验和寿命试验。

二、系统可靠性指标体系

一般情况下，一个产品或系统的可靠性可由多种指标形式表示。因为可靠性是一个综合特性，它综合表现了产品或系统的耐久性、无故障性、维修性、可用性和经济性，可分别用各种定量指标表示，形成一个指标体系。具体一个产品或系统采用什么样的指标，要根据产品或系统的复杂程度和使用特点而定。一般地，对于可修复杂系统[1, 249-252]，常用可靠度、平均无故障时间、平均修复时间、维修度、可用度等指标表示。对于不修产品或系统[1, 249-252]，常用可靠度、故障率、平均寿命等指标表示。可靠性指标也称可靠性特征量或可靠性评价尺度。

1. 可靠度

产品寿命 T 是随机变量，t 是规定时间，可靠度 $R(t)$ 定义为

$$R(t)=P(T>t) \tag{6.1}$$

显然，t 时刻的可靠度是指产品在 $[0, t]$ 内完成规定功能的概率。

对有限样本，设产品总数为 N_0，经过 t 时间故障数目为 $r(t)$，则可靠度的估计值为

$$R(t)=\frac{N_0-r(t)}{N_0} \tag{6.2}$$

当 t 由 0 趋近于 $+\infty$ 时，可靠度 $R(t)$ 将由 $R(0)=1$ 变为 $R(+\infty)=0$。

2. **故障率**

故障率，也称失效率，是指任意时刻 t 尚未发生故障的产品在单位时间内发生故障的概率。

对有限样本，设产品总数为 N_0，经过 t 时间故障数目为 $r(t)$，经过 $t+\Delta t$ 时间故障数目为 $r(t+\Delta t)$，则故障率估计值为

$$\lambda(t)=\frac{r(t+\Delta t)-r(t)}{(N_0-r(t))\Delta t} \tag{6.3}$$

即故障率 $\lambda(t)$ 的物理意义是表示任意时刻 t 尚未发生故障的产品在单位时间内发生故障的概率。

3. **平均寿命**

平均寿命是产品寿命的平均值。对于不可修复的产品，是指产品平均失效前工作时间，通常记为 MTTF(mean time to failure)。对于可修复的产品，是指产品平均故障间隔时间，记为 MTBF(mean time between failure)。

(1)平均失效前工作时间(*MTTF*)

设 N_0 个不可修复的产品在相同条件下进行试验，测得寿命数据为 t_1，t_2，…，t_{N_0}，则其平均失效前工作时间的估计值为

$$MTTF=\frac{1}{N_0}\sum_{i=1}^{N_0}t_i \tag{6.4}$$

当寿命是连续型随机变量时，平均失效前工作时间为

$$MTTF=\int_0^{+\infty}R(t)\,dt \tag{6.5}$$

(2)平均故障间隔时间(*MTBF*)

平均故障间隔时间也称平均无故障时间 。设一个可修复产品在使用期间发生了 N_0 次故障，每次故障修复后又继续投入工作，工作时间分别为 t_1，t_2，…，t_{N_0}，则其平均故障间隔时间为

$$MTBF=\frac{1}{N_0}\sum_{i=1}^{N_0}t_i \tag{6.6}$$

产品修复后和崭新的产品没有任何区别，称为完全修复。对于完全修复的产品，每次修复后继续工作时，与新产品投入使用完全一样。因此，当寿命是连续型随机变量时，平均故障间隔时间可表示为

$$MTBF=\int_0^{+\infty}R(t)\,dt \tag{6.7}$$

4. 维修率、维修度、平均修复时间、可用度

系统维修性是指在规定的条件下，在规定的时间内，按规定的方式和方法维修时，使系统恢复到正常状态的可能性。系统维修性涉及维修率、维修度、平均修复时间和可用度等一系列数量指标。

(1)维修率

维修率是指维修进行到某一时刻尚未完成维修，在此之后单位时间内完成维修的比例。它是时间 t 的函数，记为 $\mu(t)$。

(2)维修度

维修度是指可修复系统在规定的条件下维修时，在规定的时间内完成维修的概率，通常用 $M(t)$ 表示。一般地，维修度函数可表示为

$$M(t)=1-\mathrm{e}^{-\int_0^t \mu(t)\mathrm{d}t} \tag{6.8}$$

当不考虑维修率受时间的影响或维修率与时间无关时，维修率为常量，即 $\mu(t)=\mu$。此时，系统维修度函数可表示为

$$M(t)=1-\mathrm{e}^{-\mu t} \tag{6.9}$$

(3)平均修复时间

当系统维修率为常数时，维修度函数服从指数分布，维修率的倒数为平均维修时间(mean time to repair，MTTR)：

$$MTTR=\frac{1}{\mu} \tag{6.10}$$

(4)可用度

可用度是一个衡量系统被利用情况的指标。可用度是指系统在特定的瞬间能维持其功能的概率，它是时间 t 的函数，通常记为 $A(t)$。对于故障率为 λ、维修率为 μ 的系统，其可用度 $A(t)$ 可表示为

$$A(t)=\frac{\mu}{\mu+\lambda}+\frac{\lambda\mathrm{e}^{-(\mu+\lambda)t}}{\mu+\lambda} \tag{6.11}$$

在系统长期运行的情况下，即当 $t\to+\infty$ 时，式(6.11)变为

$$A(t)=\frac{\mu}{\mu+\lambda}=\frac{MTBF}{MTBF+MTTR} \tag{6.12}$$

在可靠性工程中，将式(6.11)表示的可用度称为瞬时可用度，将式(6.12)表示的可用度称为稳态可用度。

从以上系统可靠性指标可知，它们有以下共同特点：①在不同的场合和不同的情况下，可以用不同的指标来表示系统的可靠性；②产品或系统在规定的时间内保持正常功能的可靠性是随机的，一般可用概率的方法进行定量衡量；③可靠性具有定量表示的时间性，即定量指标多为时间的函数。因此，系统可靠性评价问题具有随机性、动态性和复杂性等特点。

三、系统可靠性与安全生产的关系

由于产品的可靠性问题，每年世界上都会发生大量的人身事故。据统计，美国每年为此受伤者达2000万人。1967—1973年的统计结果表明，产品责任事故中有37%是由产品不合格造成的，其余是由安装不符合规范、试验检查不够、说明书指导错误等造成的。这些都是生产厂家的责任。有的国家从法律上规定制造厂和经销商要对产品可靠性负责，同时要对由此造成的巨大的人身伤亡的经济损失负责任。因此可以说，可靠性能够产生经济效益。

对于核电、化工等涉及安全性的领域，对设备可靠性的要求更加突出。这些设备一旦发生事故，就可能给整个社会带来长期而严重的危害。从美国三里岛核电站泄漏事故到苏联切尔诺贝利核电站事故，再到日本福岛核电站事故，无不说明保证系统可靠性的重要性。

系统安全基本观点之一的“不可靠是不安全的原因”表明，可靠性与安全性有着不可分割的联系。可靠性工程作为安全性工程的基础，是系统安全理论研究的重要内容。根据故障是可靠性与安全性的联结点的理论，在防止事故发生上，可靠性和安全性是一致的。当系统发生故障时，不仅影响系统功能的实现，而且有时会导致事故，造成人员伤亡和财产损失。因此，提高系统的可靠性有助于提高系统安全性。

第三节 基于可变模糊方法的系统可靠性评价

为使评价结果更为客观、合理，本章采用第三章第七节中提出的加权可变模糊评价方法对系统可靠性评价问题进行研究。

一、应用实例

以某地区配电系统可靠性评价为例，来说明可变模糊评价方法在系统可靠性评价中的应用。

配电系统可靠性[229-230, 234]是指供电点到用户，包括变电所、高低压线路及接户线在内的整个配电系统及设备按可接受标准及期望数量满足用户电力及电能需求的度量。配电系统作为整个电力系统与用户联系的桥梁，是整个电力系统向用户供电的重要环节，一旦配电系统发生故障或检修，必然造成系统对用户供电的中断；同时，配电系统多采用放射状结构，对故障比较敏感，用户停电故障大多数是由配电系统故障引起的，加之用户对配电系统供电可靠性的要求越来越高，使得配电系统可靠性的研究成为提高电力系统可靠性工作的一个重要组成部分。随着我国配电网络规模的不断扩大，如何快速、高效、可靠地对网络进行可靠性评价，已成为研究的热点。

目前，有关配电系统可靠性评价的研究主要集中在可靠性指标的计算方面[229-234]，而对于系统可靠性综合评价的研究较少[244]。而且配电系统可靠性评价问题具有随机性、动态性和复杂性等特点，非常适合采用可变模糊评价方法对其进行评价研究[7]。鉴于此，本章尝试将可变模糊评价法应用于配电系统可靠性评价问题上，以期为电力系统的优化规划和可靠运行提供可靠的参考依据。

实例资料引自文献[244]，7 项评价指标分别为：供电可靠性(C_1)，%；用户平均停电时间(计入外部影响)(C_2)，分/户；用户平均停电次数(计入外部影响)(C_3)，次/户；架空线路故障率(C_4)，次/(100 千米 · 年)；电缆线路故障率(C_5)，次/(100 千米 · 年)；配电变压器故障率(C_6)，次/(100 台 · 年)；系统故障停电率(C_7)，次/(100 千米 · 年)。

①供电可靠性。供电可靠性是指供电系统对用户持续供电的能力，是考核供电系统电能质量的重要指标，反映了电力工业对国民经济电能需求的满足程度。目前已经成为衡量一个国家经济发达程度的标准之一。

②用户平均停电时间。用户平均停电时间是指用户在统计期间内的平均停电小时数。

③用户平均停电次数。用户平均停电次数是指供电用户在统计期间内的平均停电次数，反映供电系统对用户停电频率。

④架空线路故障率。架空线路故障率是指在统计期间内，每 100 千米架空线路故障停电次数。

⑤电缆线路故障率。电缆线路故障率是指在统计期间内，每 100 千米电缆线路故障停电次数。

⑥配电变压器故障率。配电变压器故障率是指在统计期间内，每 100 台配电变压器故障停电次数。在电力系统中，配电变压器占据着非常重要的地位，一旦出现故障，将直接或间接地给企业生产带来损失。

⑦系统故障停电率。系统故障停电率是指在统计期间内，供电系统每 100 千米线路(包括架空线路及电缆线路)故障停电次数(高压系统不计此项指标)。

通过这 7 项指标的确定，可以较科学地评价出该地区配电系统可靠性等级。配电系统分为 3 个等级，即优等配电系统、合格配电系统和不合格配电系统。评价指标与各级标准值区间如表 6-1 所示。

表 6-1　　可靠性指标及其分级标准

评价因子	配电系统等级		
	优等(Ⅰ级)	合格(Ⅱ级)	不合格(Ⅲ级)
C_1	[100, 99.98]	[99.982, 99.97]	[99.972, 99.96]
C_2	[10.0, 37.5]	[35.0, 92.5]	[90.0, 120.0]

续表 6-1

评价因子	配电系统等级		
	优等(Ⅰ级)	合格(Ⅱ级)	不合格(Ⅲ级)
C_3	[0.1, 0.2]	[0.18, 0.4]	[0.38, 0.5]
C_4	[2.0, 4.5]	[4.0, 6.5]	[6.0, 8.5]
C_5	[6.0, 7.5]	[7.0, 8.5]	[8.0, 10.0]
C_6	[0.2, 1.2]	[1.0, 3.2]	[3.0, 4.0]
C_7	[5.0, 6.0]	[5.8, 8.0]	[7.8, 9.0]

根据表 6-1，式(3.21)、式(3.22)、式(3.23)可构造参数 $\boldsymbol{I}_{ab}$，$\boldsymbol{I}_{cd}$，$\boldsymbol{M}$ 如下：

$$\boldsymbol{I}_{ab}=\begin{bmatrix} [100.0,\ 99.98] & [99.982,\ 99.97] & [99.972,\ 99.96] \\ [10.0,\ 37.5] & [35.0,\ 92.5] & [90.0,\ 120.0] \\ [0.1,\ 0.2] & [0.18,\ 0.4] & [0.38,\ 0.5] \\ [2.0,\ 4.5] & [4.0,\ 6.5] & [6.0,\ 8.5] \\ [6.0,\ 7.5] & [7.0,\ 8.5] & [8.0,\ 10.0] \\ [0.2,\ 1.2] & [1.0,\ 3.2] & [3.0,\ 4.0] \\ [5.0,\ 6.0] & [5.8,\ 8.0] & [7.8,\ 9.0] \end{bmatrix}$$

$$\boldsymbol{I}_{cd}=\begin{bmatrix} [100.0,\ 99.97] & [100.0,\ 99.96] & [99.982,\ 99.96] \\ [10.0,\ 92.5] & [10.0,\ 120.0] & [35.0,\ 120.0] \\ [0.1,\ 0.4] & [0.1,\ 0.5] & [0.18,\ 0.5] \\ [2.0,\ 6.5] & [2.0,\ 8.5] & [4.0,\ 8.5] \\ [6.0,\ 8.5] & [6.0,\ 10.0] & [7.0,\ 10.0] \\ [0.2,\ 3.2] & [0.2,\ 4.0] & [1.0,\ 4.0] \\ [5.0,\ 8.0] & [5.0,\ 9.0] & [5.8,\ 9.0] \end{bmatrix}$$

$$\boldsymbol{M}=\begin{bmatrix} 100.0 & 99.841 & 99.96 \\ 10.0 & 63.75 & 120.0 \\ 0.1 & 0.29 & 0.5 \\ 2.0 & 5.25 & 8.5 \\ 6.0 & 7.75 & 10.0 \\ 0.2 & 2.1 & 4.0 \\ 5.0 & 6.9 & 9.0 \end{bmatrix}$$

利用加权可变模糊评价方法对样本(99.983，36.18，0.39，3.5，7.375，1.313，6.079)进行评价，为与文献中的方法进行比较，评价指标的权重向量仍取(0.3294，0.1697，0.1697，0.0828，0.0828，0.0828，0.0828)，经计算得到 4 种模型参数组合下的综合相对隶属度、级别特征值 H 及模糊熵，见表 6-2。

于是，根据模糊熵值即可确定各模型的重要性由大到小的顺序为：模型三、模型四、模型一、模型二，见表 6-2。

进而，利用二元比较模糊决策分析方法计算各模型的权重。经过认真考虑，认为模型三与模型四相比属于“稍稍重要和略为重要之间”，与模型一相比属于“略为重要”，与模型二相比属于“略为重要与较为重要之间”。应用表 3-11，得到非归一化的各模型的权重向量为

$$\boldsymbol{W}'=(0.667,\ 0.6,\ 1.0,\ 0.739)$$

则归一化后各模型的权重向量为

$$\boldsymbol{W}=(0.2219,\ 0.1996,\ 0.3327,\ 0.2458)$$

利用线性加权法计算得到综合级别特征值，记为 H_W，见表 6-2。

表 6-2　　评价结果

评价模型	综合相对隶属度	模糊熵	模型重要性排序	权重	H	H_W
模型一($\alpha=1$, $p=1$)	(0.3668, 0.4370, 0.1962)	0.9623	③	0.2219	1.8295	1.7739
模型二($\alpha=1$, $p=2$)	(0.3713, 0.3941, 0.2346)	0.9819	④	0.1996	1.8634	
模型三($\alpha=2$, $p=1$)	(0.3675, 0.5502, 0.0823)	0.8536	①	0.3327	1.7148	
模型四($\alpha=2$, $p=2$)	(0.4031, 0.4627, 0.1342)	0.9211	②	0.2458	1.7311	

由表 6-2 有，$1.5<H_W\leqslant 2.5$，并根据可变模糊评价判断准则公式(3.15)知，样本的评价结果为Ⅱ级，即该配电系统属于合格配电系统。

二、可变模糊参数可变性研究

为进一步说明可变模糊集方法评价结果的稳定性和可靠性，需要对模型参数及权重向量的可变性进行研究。

1. 模型参数的可变性研究

可变模糊模型参数包括可变优化准则参数 α 和可变距离参数 p，以往的研究中 α，p 取值通常为{1, 2}，对于其他取值情况的研究尚少[27]。为此，本节在文献[27]研究的基础上针对参数 α 的其他取值情况进行拓展研究，即在固定 p 的前提下分别对 α 取正整数、0 及小数这几种情况进行探讨，从而进一步验证可变模糊评价方法评价结果的稳定性和可靠性。

(1) α 取正整数的情况

令 $\alpha=3, 4, 5, \cdots, 100$，$p$ 固定取{1, 2}。利用可变模糊评价方法对上文“应用实例”中的样本进行评价，所得级别特征值分布情况如图 6-1 所示，级别特征值 H 的稳定范围

及其均值 $\bar{H}$ 列于表 6-3。

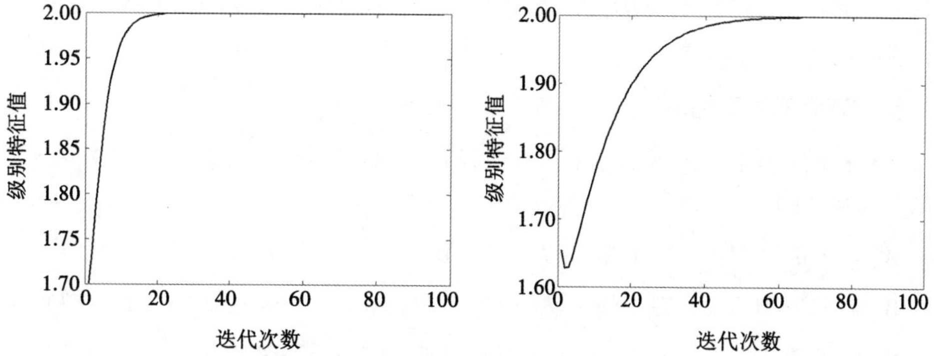

（a）p=1　　（b）p=2

图 6-1　α 取正整数时级别特征值分布

表 6-3　　**评价结果**

参数取值情况		H 的稳定范围	$\bar{H}$
α 取正整数	$p=1$	1.7007～2.0000	1.9852
	$p=2$	1.6277～2.0000	1.9416
α 取 0 及小数	$p=1$	1.6980～2.0000	1.8941
	$p=2$	1.6260～2.0000	1.8370

（2）α 取 0 及小数的情况

令 α=0.0，0.1，0.2，0.3，0.4，0.5，0.6，0.7，0.8，0.9，1.1，1.5，2.5，3.5，4.5，5.5，6.5，7.5，8.5，9.5，10.5，20.5，30.5，40.5，49.5，p 固定取{1，2}。利用可变模糊评价方法对上文“应用实例”中的样本进行评价，所得级别特征值分布情况如图 6-2 所示，级别特征值 H 的稳定范围及其均值 $\bar{H}$ 列于表 6-3。

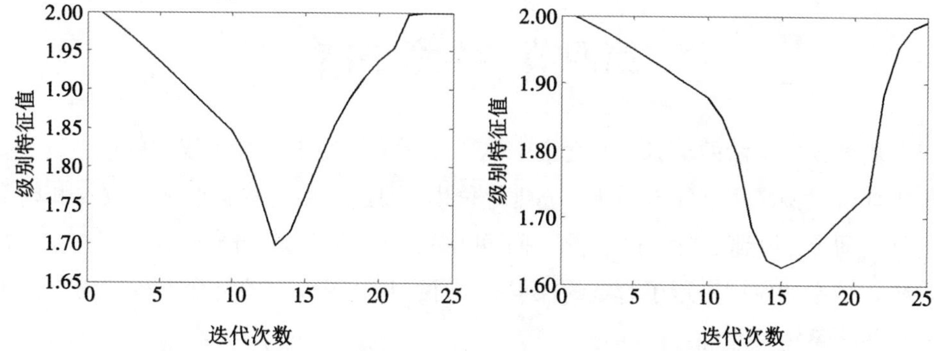

（a）p=1　　（b）p=2

图 6-2　α 取 0 及小数时级别特征值分布

根据图6-1、图6-2以及表6-3，并结合可变模糊评价判断准则，无论α取正整数还是0及小数的情况，均有$1.5<\bar{H}\leqslant 2.5$成立，亦即样本的评价结果均为Ⅱ级，该配电系统属于合格配电系统。

2. 权重向量的可变性研究

对各指标的权重值进行变换，取等权重及在等权重基础上分别考虑±10%，±5%的指标权重的变化范围：

$$\boldsymbol{W}_1=(1/7,\ 1/7,\ 1/7,\ 1/7,\ 1/7,\ 1/7,\ 1/7)$$

$$\boldsymbol{W}_2=(1/7+10\%,\ 1/7-10\%,\ 1/7+9\%,\ 1/7-9\%,\ 1/7+8\%,\ 1/7-8\%,\ 1/7)$$

$$\boldsymbol{W}_3=(1/7-10\%,\ 1/7+10\%,\ 1/7-9\%,\ 1/7+9\%,\ 1/7-8\%,\ 1/7+8\%,\ 1/7)$$

$$\boldsymbol{W}_4=(1/7+5\%,\ 1/7-5\%,\ 1/7+4\%,\ 1/7-4\%,\ 1/7+3\%,\ 1/7-3\%,\ 1/7)$$

$$\boldsymbol{W}_5=(1/7-5\%,\ 1/7+5\%,\ 1/7-4\%,\ 1/7+4\%,\ 1/7-3\%,\ 1/7+3\%,\ 1/7)$$

利用加权可变模糊评价方法进行评价，得到H_W的值分别为1.7442，1.9409，1.5681，1.8384，1.6542，均满足$1.5<H_W\leqslant 2.5$，表明评价结果是稳定的。由可变模糊评价判断准则可知，样本的评价结果均为Ⅱ级，即该配电系统属于合格配电系统。

三、结果分析

利用可变模糊评价方法，无论是4种基本模型还是拓展模型，均有$1.5<\bar{H}\leqslant 2.5$，从而可得出该配电系统为Ⅱ级的评价结论。

可变模糊评价方法的评价结果（Ⅱ级）与文献[244]的评价结果（Ⅰ级）相差一级，现分析如下：因可拓关联函数基本公式与可拓关联度准则存在缺陷，所以导致最终评价结果出现失真[10-11]；又由表6-1可知，7项评价指标有2项指标值落入Ⅰ级，2项落入Ⅱ级，2项落入Ⅰ、Ⅱ级，1项落入Ⅱ、Ⅲ级，因此，文献中的评价结果不合理；合理的评价应是书中的结果——Ⅱ级，即该地区配电系统属于合格配电系统。

第四节　本章小结

可变模糊评价方法的动态可变性集中体现在评价模型中参数和权重的可变性上。将可变模糊评价模型应用到配电系统可靠性评价中，通过对可变优化准则参数α和权重参数的可变性研究，得到了较为科学、合理、可靠的评价结果，为可变模糊集理论在系统可靠性评价领域中的应用进行了有益的探索。同时，书中所提出的可变模糊评价方法也适用于其他各类系统可靠性评价问题。

第七章　结论与展望

第一节　主要研究结论

利用可变模糊集理论与模型，分别对系统安全理论中的评价、预测、决策、可靠性评价等问题进行了研究，提出了一整套用于解决上述问题的模型与方法体系，并通过实例应用进行了可行性和有效性的验证。

纵观全书，可以得到如下结论。

①系统安全工程领域中的模糊概念、模糊事件和模糊现象客观上存在动态可变性，因此，可变模糊集理论及其模型非常适合于解决系统安全工程领域中的各类问题。

②系统安全评价是一个从安全等级论域中选取符合系统实际安全等级的过程，其实质是以安全评价标准作为标准模式的模式识别问题。可变模糊识别评价方法可以科学地确定样本指标对各级指标标准的相对隶属度，并且能够通过变化模型及其参数合理地确定样本的评价等级，提高了对样本等级评价的可靠度。

③可变模糊评价方法能够很好地处理评价标准为区间形式的安全评价问题。以煤与瓦斯突出事故发生的严重程度评价为例，并与其他方法进行比较，从而验证了可变模糊评价方法的可行性、有效性、优越性。

④基于可拓与集对的可变模糊评价方法根据可拓关联度与联系隶属度的内在互补性特点，建立了可变模糊相对隶属度，克服了以往凭借经验或物理分析确定相对隶属度为1的点值矩阵的不足，并以二元语义方法为评价等级判定准则，使评价模型更具科学性。

⑤考虑后悔行为的变权可变模糊评价方法充分考虑了待预警样本在不同时空条件下各指标取值的差异变动情况，克服了常权思想的缺陷，符合动态评价预警的客观需求；根据后悔理论建立了变权与常权的动态比较机制，弥补了基本变权可变模糊方法下各评价预警指标激励/惩罚过大或过小的不足，保证了各指标在评价预警过程中作用的真实贡献程度，使评价预警结果更趋合理。

⑥加权可变模糊评价方法因其参数 α, p 的不同组合而产生不同的评价模型，再根据模型计算得到的综合相对隶属度向量（对应单一样本对象）或级别特征值（对应多样本对

象)数据，利用基于模糊熵的改进二元比较模糊决策分析方法(对应单一样本对象)或熵权法(对应多样本对象)确定各评价模型的权重向量，从而实现组合评价，是对可变模糊评价方法含义的新的诠释。加权可变模糊评价方法不仅克服了不同评价方法评价结果不一致的缺陷，而且使评价结果更加客观合理。

⑦可变模糊组合预测方法很好地实现了对样本的分类与预测，通过对某矿井瓦斯涌出量的预测及其结果分析，所得预测结果稳定、可靠，符合实际情况，为矿井瓦斯涌出量预测提供了一条新途径。可变模糊组合预测方法是可变模糊聚类与可变模糊模式识别的有机融合，其实质是一种区间预测，所得预测结果为一预测区间，其“可变”体现在权重向量的可变性上。

⑧在分析了二元比较模糊决策分析法的基础上，改进了重要性的排序方法，提出了基于灰色关联分析与二元比较模糊决策分析法结合的权重确定方法，从而减少了权重确定过程中的主观性，使权重的确定更加客观合理。

⑨基于可变模糊集的系统安全优选决策方法利用4种不同的模型进行求解并综合取均值，较单一计算模型更为科学合理，而且保证了最终决策方案的可靠性。

⑩针对可变模糊优选决策方法未考虑决策者行为和采用常权方法的不足，提出了考虑决策者心理行为的变权可变模糊决策方法和基于后悔行为的变权可变模糊决策方法，并以酒店火灾应急决策问题为例进行了实证分析，验证了该方法的可行性和有效性。

⑪将可变模糊评价模型应用到配电系统可靠性评价中，通过对可变优化准则参数 α 和权重参数的可变性研究，得到了较为科学、合理、可靠的评价结果，为可变模糊集理论在系统可靠性评价领域的应用进行了有益的探索。同时，书中所提出的可变模糊评价方法也适用于其他各类系统可靠性评价问题。

⑫将可变模糊集理论与模型引入系统安全工程领域，并应用于解决系统安全评价、系统安全预测、系统安全决策、系统可靠性评价等一系列问题中，既是对可变模糊集理论应用领域的拓展，也是对系统安全理论研究方法的尝试性探讨，同时丰富了系统安全理论与方法体系的内容。

第二节　主要创新点

①针对系统安全问题所具有的随机性、模糊性、复杂性、不确定性以及动态性等特点，在分析了可变模糊集理论与模型所具有的一系列优点的基础上，系统地将可变模糊集理论与模型引入系统安全工程领域，并应用于系统安全的预测、决策优选、评价以及系统可靠性评价中，丰富了系统安全理论的方法体系。

②在分析了二元比较模糊决策分析法的基础上，改进了重要性的排序方法，提出了基于灰色关联分析与二元比较模糊决策分析法结合的权重确定方法，从而减少了权重确

定过程中的主观性，使权重的确定更加客观合理。

③将可变模糊聚类循环迭代模型与可变模糊模式识别模型相结合，提出了一种适用于安全预测问题的因果关系区间预测方法，并应用于矿井瓦斯涌出量预测问题，预测结果证明了方法的有效性、稳定性和可靠性。

④将可拓理论、集对分析理论、二元语义理论与可变模糊评价理论进行优势互补，提出了一种新的基于可拓与集对的可变模糊评价方法。该方法根据可拓关联度与联系隶属度的内在互补性特点，建立可变模糊相对隶属度，克服了以往凭借经验或物理分析确定相对隶属度为 1 的点值矩阵的不足，并以二元语义方法为评价等级判定准则，使评价模型更具科学性。

⑤提出了一种考虑后悔行为的变权可变模糊评价方法。该方法充分考虑待预警样本在不同时空条件下各指标取值的差异变动情况，克服了常权思想的缺陷，符合动态评价预警的客观需求；根据后悔理论建立了变权与常权的动态比较机制，弥补了基本变权可变模糊方法下各评价预警指标激励/惩罚过大或过小的不足，保证了各指标在评价预警过程中作用的真实贡献程度，使评价预警结果更趋合理。

⑥针对以往可变模糊评价方法未考虑各模型权重的不足，提出了一类新的考虑模型权重的可变模糊评价方法——加权可变模糊评价方法，包括单一样本加权可变模糊评价方法、多样本加权可变模糊评价方法和加权多层次可变模糊评价方法，并通过应用于煤与瓦斯突出事故发生的严重程度评价、煤矿安全生产状况评价以及尾矿库溃坝风险评价三例验证了所提新方法的可行性和有效性。该研究不仅增强了最终评价结果的客观性和可靠性，而且对基于可变模糊集的评价方法的实质进行了新的诠释。

⑦针对可变模糊优选决策方法未考虑决策者行为和采用常权方法的不足，提出了考虑决策者心理行为的变权可变模糊决策方法和考虑后悔行为的变权可变模糊决策方法，并以酒店火灾应急决策问题为例进行了实证分析，验证了该方法的可行性和有效性。

第三节 展 望

本书仅仅是可变模糊集理论在系统安全理论中的初步研究与探索，还存在许多尚未研究的问题和需要改进的地方，这将是今后努力研究的方向所在。在以往的研究中，可变模糊集的可变性主要体现在可变模型集和可变参数集两个方面，而对于可变时间因子集、可变空间因子集、可变条件因子集以及可变其他因子集等的研究尚未涉及，这将是可变模糊集理论研究的突破之处。因此，如何具体化可变时间因子、可变空间因子、可变条件因子以及可变其他因子，实现对动态系统的完全释义，将是下一步研究的重点所在。

任何一种理论与方法，与其他理论与方法的融合必将促进该理论与方法的更好发展，也是对该理论与方法的一次创新。因此，可变模糊集理论与其他方法的融合运用有待进一步研究。如可变模糊集理论与智能算法的深度融合、可变模糊集理论与集对分析理论的融合、可变模糊集理论与灰色系统理论的融合、可变模糊集理论与二元语义理论的融合、可变模糊集理论与行为决策理论的融合等，融合或耦合已成为可变模糊集理论发展的大趋势和主流方向。

由 5 · 12 汶川地震事件、1 · 3 中国 20 省份雪灾事件、3 · 11 日本东海岸强震海啸重创日本并引发日本福岛第一核电站核泄漏危机事故、9 · 16 超强台风山竹肆虐广东等 5 省事件、7 · 3 辽宁省开原市遭遇龙卷风袭击事件等一系列深刻影响人类生产生活的自然灾害事件引发思考，系统安全问题必须考虑自然灾害因素尤其是极端自然灾害因素的影响。因此，基于自然灾害因素的系统安全防范与管理和考虑自然灾害因素的系统安全防范与管理将是下一步研究的重点问题和领域。

参考文献

[1] 陈宝智.系统安全评价与预测[M].北京:冶金工业出版社, 2005.

[2] 隋鹏程,陈宝智,隋旭.安全原理[M].北京:化学工业出版社,2005.

[3] 陈宝智.安全原理[M].2 版.北京:冶金工业出版社,2002.

[4] 金龙哲,杨继星.安全学原理[M].北京:冶金工业出版社,2010.

[5] 许开立.系统危险性的模糊评价[D].沈阳: 东北大学,1999.

[6] 陈守煜.水资源与防洪系统可变模糊集理论与方法[M].大连:大连理工大学出版社,2005.

[7] 陈守煜.可变模糊集理论与模型及其应用[M].大连:大连理工大学出版社,2009.

[8] 陈守煜.可变模糊集理论的哲学基础[J].大连理工大学学报(社会科学版),2005,26(1): 53-57.

[9] 陈守煜.工程可变模糊集理论与模型:模糊水文水资源学数学基础[J].大连理工大学学报,2005,45(2): 308-312.

[10] 陈守煜.可变模糊方法及论可拓关联函数基本公式错误[J].水电能源科学,2005,23(5): 1-4.

[11] 陈守煜.可变模糊集合理论:兼论可拓学的数学与逻辑错误[J]. 大连理工大学学报,2007,47(4): 618-624.

[12] 陈守煜.可变模糊集合理论与可变模型集[J]. 数学的实践与认识,2008,38(18): 146-153.

[13] 陈守煜.可变模糊集量变与质变判据模式及其应用[J].系统工程与电子技术,2008,30(10): 1879-1882.

[14] 陈守煜.可变模糊聚类及模式识别统一理论与模型[J].大连理工大学学报,2009,49(2): 307-312.

[15] 陈守煜,李敏,王淑英.可变模糊聚类迭代模型合理性分析与应用检验[J].大连理工大学学报,2009,49(6):932-936.

[16] 陈守煜.基于可变模糊集的质变与量变定理: 兼论集对分析[J].数学的实践与认识,2009,39(11):195-201.

[17] 陈守煜.质量互变定理的两种表示：兼论集对分析中介不确定性[J].辽宁工程技术大学学报(自然科学版),2010,29(5):724-728.

[18] 陈守煜.基于可变模糊集的辩证法三大规律数学定理及其应用[J].大连理工大学学报,2010,50(5):838-844.

[19] 陈守煜.基于辩证法三大规律数学定理的系统评价理论、模型与方法:兼论集对分析及其评价方法[J].黑龙江大学工程学报,2010,1(1)：11-16.

[20] 李丽,汪明武.岩体稳定性熵可变模糊分类模型的探讨[J].合肥工业大学学报(自然科学版),2008,31(4):603-607.

[21] 陈守煜,袁晶瑄,李亚伟.基于可变模糊集的模糊聚类迭代模型及其应用[J].大连理工大学学报,2008,48(6):881-886.

[22] 徐冬梅,陈守煜,邱林.基于可变模糊集理论的洪水分类研究[J].水电能源科学,2011,29(1):23-25.

[23] 张明媛,王妍,袁永博.基于可变模糊聚类模型的生命线网络节点重要性评价[J].自然灾害学报,2013,22(6):19-25.

[24] 李亚伟,陈守煜,傅铁.基于模糊识别的水资源承载能力综合评价[J].水科学进展,2005,16(5):726-729.

[25] 陈守煜,胡吉敏.可变模糊方法及其在工件识别中的应用[J].系统工程与电子技术,2006,28(9):1325-1329.

[26] 刘玉珍,陈守煜.模糊识别优选模型在工程投资决策中的应用[J].水电能源科学,2007,25(5):69-72.

[27] 韩晓军.可变模糊集理论在水资源系统中的应用研究[D].大连:大连理工大学,2008.

[28] 郭瑜,陈文龙,陈守煜.考虑权重灵敏度的水资源承载能力评价方法[J].水资源与水工程学报,2008,19(2):27-30.

[29] 刘岩.基于可变模糊集理论的危险化学品重大危险源风险评价的研究[D].大连:大连交通大学,2010.

[30] 盖美,周荔.基于可变模糊识别的辽宁海洋经济与资源环境协调发展研究[J].资源科学,2011,33(2):356-363.

[31] 王琳,刘保东.随机可变模糊识别模型在清洁生产评价中的应用[J].山东大学学报(工学版),2013,43(1):54-62.

[32] 卫仁娟,梁川,任财,等.松华坝水资源安全评价的可变模糊识别方法[J].南水北调与水利科技,2013,11(2):1-5.

[33] 陈燕飞,张翔,杨静.基于可变模糊识别模型的水环境系统恢复力评价[J]. 武汉大学学报(工学版),2014,47(3):340-343.

[34] 汪天祥,许士国,胡素端.综合权重的可变模糊识别模型在水质动态评价中的应用[J].南水北调与水利科技,2015,13(6):1075-1079.

[35] 郭文召,刘亚坤,徐向舟,等.可变模糊识别方法在滑坡稳定性评价中的应用[J].农业工程学报,2015,31(8):176-182.

[36] 王泽宇,郭萌雨,孙才志,等.基于可变模糊识别模型的现代海洋产业发展水平评价[J].资源科学,2015,37(3):534-545.

[37] XU S G,WANG T X,HU S D.Dynamic assessment of water quality based on a variable fuzzy pattern recognition model[J].International journal of environmental research and public health,2015,12(2):2230-2248.

[38] 柯丽娜,张一民,韩旭,等.基于 GIS 建模的海水环境质量可变模糊识别评价[J].地理科学,2017,37(8):1251-1258.

[39] HAO Z,ZHAO H L,ZHANG C.Estimating winter wheat area based on an SVM and the variable fuzzy set method[J].Remote sensing letters,2019,10(4):343-352.

[40] CHEN S Y,FU G T.Combining fuzzy iteration model with dynamic programming to solve multi-objective multistage decision making problems[J].Fuzzy sets and systems,2005,152(3):499-512.

[41] CHEN S Y,GUO Y.Variable fuzzy sets and its application in comprehensive risk evaluation for flood-control engineering system[J]. Fuzzy optimization and decision making,2006,5(2): 153-162.

[42] 陈守煜,王子茹.可变模糊优选理论及在水电站联合调度方案优选中的应用[J].水电自动化与大坝监测,2006,30(6):16-20.

[43] 陈守煜,袁晶瑄,郭瑜.可变模糊决策理论及其在水库防洪调度决策中应用[J].大连理工大学学报,2008,48(2):259-262.

[44] WANG X H,CHEN S Y,TANG L X,et al.Application of fuzzy optimal selection of similar slopes to the evaluation of slope stability[J]. Journal of harbin institute of technology (New Series),2007,14(3): 415-418.

[45] 冯庆高,周传波,傅志峰,等.基坑支护方案的灰色模糊可变决策模型[J].岩土力学,2010,31(7):2226-2231.

[46] 黄振芳,刘昌明.基于博弈论综合权重模糊优选模型在地下水环境风险评价中的应用[J].水文,2010,30(4):13-17.

[47] 吕素冰,许士国,陈守煜.水资源效益综合评价的可变模糊决策理论及应用[J].大连理工大学学报,2011,51(2): 269-273 .

[48] 双晴,袁永博,张明媛.基于可变模糊数据包络分析的多目标决策模型[J].大连理工大学学报,2013,53(3):429-434.

[49] 刘辰龙,袁永博.基于可变模糊集的权重信息不完全的语言多属性决策研究[J].模糊系统与数学,2014,28(4):84-89.

[50] LIU D,LIU W T,LUO T Q.The effect degree analysis of human activities on regional groundwater level based on variable fuzzy optimization model[J]. International journal of agricultural and environmental information systems,2015,6(3): 63-76.

[51] CHEN L,PAN W.BIM-aided variable fuzzy multi-criteria decision making of low-carbon building measures selection[J].Sustainable cities and society,2016,27:222-232.

[52] 陈守煜,郭瑜.模糊可变集合及其在防洪工程体系综合风险评价中的应用[J].水利水电科技进展,2005,25(6):4-8.

[53] 陈守煜,韩晓军.围岩稳定性评价的模糊可变集合工程方法[J].岩石力学与工程学报,2006,25(9):1857-1861.

[54] 陈守煜,李敏.基于可变模糊集理论的水资源可再生能力评价模型[J].水利学报,2006,37(4):431-435.

[55] 陈守煜,柴春岭,苏艳娜.可变模糊集方法及其在土地适宜性评价中的应用[J].农业工程学报,2007,23(3):95-97.

[56] 陈守煜,胡吉敏.可变模糊工程综合评定方法及其应用[J].系统工程与电子技术,2008,30(8):1474-1477.

[57] 陈守煜,胡吉敏,李敏.水电站导流洞围岩稳定性的可变模糊评价方法[J].北京工业大学学报,2009,35(4):464-469.

[58] 陈守煜,韩晓军.松花江水环境质量评价模糊可变集合工程方法[J].哈尔滨工业大学学报,2009,41(10):134-137.

[59] 苏艳娜,柴春岭,杨亚梅,等.常熟市农业生态环境质量的可变模糊评价[J].农业工程学报,2007,23(11):245-248.

[60] 柴春岭.基于可变模糊集理论的水文水资源系统模拟、评价与决策方法及应用[D].大连:大连理工大学,2008.

[61] 吴丽.城市水资源系统中若干重要问题的研究[D].大连:大连理工大学,2009.

[62] 李帅,刘冀,董晓华,等.可变模糊模型在水资源短缺风险评价中的应用[J].水电能源科学,2009,27(5):21-23.

[63] 姜云,吴立新,车德福.地下空间资源质量熵权与可变模糊集组合评估[J].中国矿业大学学报,2009,38(6):872-877.

[64] 费良军,谢志高,孙胜祥,等.模糊可变模型在土地整理区农地可持续利用综合评价中的应用[J].沈阳农业大学学报,2009,40(1):71-75.

[65] 安玉伟,姜云.基于可变模糊集理论的城市用地适用性评估[J].数学的实践与认识,2009,39(4):68-74.

[66] 李清富,李科,李明欣.基于可变模糊集理论的地下工程结构耐久性评估[J].河南科学,2010,28(5):553-557.

[67] 徐冬梅,马建琴,邱林.基于可变模糊模型的郑州市非常规水水质评价[J].人民黄河,2010,32(10):80-81.

[68] 练建军,许士国,韩成伟.基于模糊可变评价模型的地下水脆弱性研究[J].水电能源科学,2010,28(9):26-29.

[69] 阎善郁,于君磊,潘科.可变模糊集理论在道路交通安全综合评价中的应用[J].安全与环境学报,2010,10(6):231-233.

[70] 李明,陈洪凯.隧道健康动态评价模型与应用[J].重庆大学学报,2011,34(2):142-148.

[71] ZHANG D,WANG G L,ZHOU H C.Assessment on agricultural drought risk based on variable fuzzy sets model[J].Chinese geographical science,2011,21(2):167-175.

[72] 马荣,石建省,刘继朝.可变模糊理论与模糊粗糙集在地下水污染评估中的应用[J].吉林大学学报(地球科学版),2012,42(4):1130-1138.

[73] 袁永博,窦玉丹,刘妍,等.基于组合权重模糊可变模型的旱涝灾害评价[J].系统工程理论与实践,2013,33(10):2583-2589.

[74] ZOU Q,ZHOU J Z,ZHOU C.Comprehensive flood risk assessment based on set pair analysis-variable fuzzy sets model and fuzzy AHP[J].Stoch astic environ mental research & risk assess ment,2013,27(2):525-546.

[75] GUO E L,ZHANG J Q,REN X H.Integrated risk assessment of flood disaster based on improved set pair analysis and the variable fuzzy set theory in central Liaoning province, China[J].Natural hazards,2014,74(2):947-965.

[76] XU S G,LIU Y Y.Assessment for river health based on variable fuzzy set theory[J].Water resources,2014,41(2):218-224.

[77] 张智,浦鹏,王敏.层次分析法与可变模糊集耦合的水环境质量评价模型[J].重庆大学学报,2014,37(5):117-124.

[78] 孙鹏,张强,白云岗,等.基于可变模糊算法的塔里木河流域干旱风险评价[J].自然灾害学报,2014,23(5):148-155.

[79] 邹强,周建中,周超,等.基于可变模糊集理论的洪水灾害风险分析[J].农业工程学报,2012,28(5):126-132.

[80] 陆志强,李吉鹏,章耕耘,等.基于可变模糊评价模型的东山湾生态系统健康评价[J].生态学报,2015,35(14):4907-4919.

[81] 闵桂龙,端木京顺,高建国,等.军机飞行安全预警的集对分析-可变模糊方法[J].安全与环境学报,2016,16(5):57-61.

[82] 薛希龙,王新民,胡勇,等.基于FAHP与可变模糊集的矿山生态安全效应评估[J].东北大学学报(自然科学版),2016,37(1):94-99.

[83] 叶菁,侯卫生,邓东成,等.基于可变模糊集的城市地下空间资源三维质量评价[J].资源科学,2016,38(11):2147-2156.

[84] YAN F,LIU L,ZHANG Y.The research of dynamic variable fuzzy set assessment model in water quality evaluation[J].Water resources management,2016,30(1):63-78.

[85] 王心义,赵伟,刘小满,等.基于熵权-模糊可变集理论的煤矿井突水水源识别[J].煤炭学报,2017,42(9):2435-2441.

[86] 刘晓然,杨谆,王威.基于可变模糊集的地震崩塌危险性评价[J].安全与环境学报,2018,18(2):571-575.

[87] 姜秋香,赵蚰竹,王子龙,等.基于系统动力学和可变模糊集的水土资源保障风险仿真与评价[J].应用基础与工程科学学报,2018,26(4):780-792.

[88] 高玉琴,赖丽娟,姚敏,等.基于正态云-模糊可变耦合模型的水环境质量评价[J].水资源与水工程学报,2018,29(5):1-7.

[89] 李宗坤,李巍,葛巍,等.基于集对分析-可变模糊集耦合方法的溃坝环境影响评价[J].天津大学学报(自然科学与工程技术版),2019,52(3):269-276.

[90] JIA J X, WANG X Y, NAIMA A M H, et al. Flood-risk zoning based on analytic hierarchy process and fuzzy variable set theory[J]. Natural hazards review, 2019, 20(3): 4019006.1-4019006.8.

[91] 陈守煜,郭瑜.电力负荷预测的模糊可变集合方法[J].水电能源科学,2005,23(5):29-31.

[92] 陈守煜,郭瑜.模糊可变集合与模型及在岩爆分级预测中的应用[J].岩石力学与工程学报,2005,24(S1):4603-4609.

[93] 李敏.基于可变模糊集理论的径流预报方法研究[D].大连:大连理工大学,2008.

[94] 李敏,陈守煜.径流中长期预报级别特征值特征展开模糊推理方法[J].大连理工大学学报,2010,50(4):576-579.

[95] FAN K K,DENG S Y,SU C H.Theory of variable fuzzy sets for artificial emotions prediction[J].Mathematical problems in engineering,2015,11: 1-4.

[96] 李敏,陈守煜,张艳平.丹江口水库夏秋汛过渡期汛限水位动态控制[J].辽宁工程技术大学学报(自然科学版),2010,29(3):502-505.

[97] FANG Y H,ZHENG X L,PENG H,et al.A new method of the relative membership degree calculation in variable fuzzy sets for water quality assessment[J].Ecological indicators,2019,98:515-522.

[98] 陈守煜.论相对隶属度[J].大自然探索,1993,12(2):25-27.

[99] 陈守煜.相对隶属函数的系统辩证论哲学基础[J].系统辩证学学报,1996,4(2):26-29.

[100] CHEN S Y.Relative membership function and new frame of fuzzy sets theory for pattern recognition[J].The journal of fuzzy mathematics,1997,5(2): 401-411.

[101] 陈守煜.工程模糊集理论与应用[M].北京:国防工业出版社,1998.

[102] ZADEH L A.Fuzzy sets[J].Information and control,1965,8(30):338-353.

[103] ZADEH L A.模糊集与模糊信息粒理论[M].阮达,黄崇福,译.北京:北京师范大学出版社,2000.

[104] 胡宝清.模糊理论基础[M].2 版.武汉:武汉大学出版社,2010.

[105] 熊德国,鲜学福.模糊集合评价方法的改进[J].重庆大学学报(自然科学版),2003,26(6):93-95.

[106] KAREN R.Risk assessment in the UK health and safety system: theory and practice [J].Safety and health at work,2010,1(1):11-18.

[107] SHARMA B C, GANDNI O P. Safety assessment of lubricating oil using AHP and vector projection method [J]. Industrial lubrication and tribology, 2008, 60 (5): 259-265.

[108] 贾水库,温晓虎,林大建,等.基于层次分析法地铁运营系统安全评价技术的研究[J].中国安全科学学报,2008,18(5):137-141.

[109] 王旭,霍德利.模糊综合评价法在煤矿安全评价中的应用[J].中国矿业,2008,17(5):75-78.

[110] 宇仁德,石鹏,刘芳.基于模糊理论的交通安全评价方法的研究[J].数学的实践与认识,2008,38(7):109-116.

[111] LIU Y J, MAO S J, LI M, et al.Study of a comprehensive assessment method for coal mine safety based on a hierarchical grey analysis[J].Journal of China university of mining and technology,2007,17(1): 6-10.

[112] 鹿中山,杨善林,杨树萍.建筑施工现场安全评价的灰色关联法[J].合肥工业大学学报(自然科学版),2008,31(2):262-266.

[113] LI Y B, LI P, ZHANG N, et al.Safety assessment of thermal power enterprise based on BP neural network[J].Journal of information and computational science,2009,6(1): 553-560.

[114] LI S, WU Z A. System safety assessment based on wavelet neural network [C]// Process in safety science and technology: part B,2002,3:973-977.

[115] LI Y C, SUO J J, ZHOU S J.Unascertained measure-new safety assessment tool: foundation and application [C]//2009 International workshop on intelligent systems and

applications.Wuhan,2009:1-4.
[116] 闫乐林,王国旗,许满贵,等.煤矿安全预评价的未确知测度模型及应用[J].灾害学,2004,19(2):18-22.
[117] 王莉,田水承,王晓宁.联系熵在煤矿安全预评价中的应用[J].中国安全科学学报,2006,16(9):129-134.
[118] 李凡修,陆晓华,梅平,等.煤矿安全预评价的集对分析模型及应用[J].安全与环境学报,2005,5(1):118-120.
[119] WANG W S,LI Y Q.Hazard degree assessment of landslide using set pair analysis method[J]. Natural hazards,2012,60(2):367-379.
[120] CAI W.Extension theory and its application[J].Chinese science bulletin,1999,44(17):1538-1548.
[121] 吕品,周心权.物元分析理论在矿井安全评价中的应用[J].中国煤炭,2006,32(4):60-63.
[122] 贺继红,陶化冶,张鑫,等.基于可拓的煤矿安全评价研究[J].煤矿安全,2010,1423(1):115-118.
[123] 田水承.第三类危险源辨识与控制研究[D].北京:北京理工大学,2001.
[124] 徐志胜.安全系统工程[M].北京:机械工业出版社,2008.
[125] 邓琼.安全系统工程[M].西安:西北工业大学出版社,2009.
[126] 胡毅亭,陈网桦,卫延安.安全系统工程[M].南京:南京大学出版社,2009.
[127] 王洪德,石剑云,潘科.安全管理与安全评价[M].北京:清华大学出版社,2010.
[128] 国家安全生产监督管理总局.安全评价通则:AQ 8001—2007[S].北京:煤炭工业出版社,2007.
[129] KHAKZAD N.System safety assessment under epistemic uncertainty:using imprecise probabilities in Bayesian network[J].Safety science,2019,116(7):149-160.
[130] 叶义成,柯丽华,黄德育.系统综合评价技术及其应用[M].北京:冶金工业出版社,2006.
[131] 陈祖云,杨胜强,邬长福.基于熵权与未确知测度模型及其在煤矿安全评价中的应用[J].矿业安全与环保,2007,34(1):75-77.
[132] 景国勋,杨玉中.矿山重大危险源辨识、评价及预警技术[M].北京:冶金工业出版社,2008.
[133] 汪明武,李丽,金菊良.围岩稳定性集对分析-可变模糊集综合评价模型[J].岩土工程学报,2008,30(6):941-944.
[134] 罗景峰.旅游安全预警的集对分析-可变模糊方法[J].中国安全科学学报,2015,25(4):151-156.

[135] HERRERA F, HWEEWEA-VIEDMA E. Linguistic decision analysis: steps for solving decision problems under linguistic information[J]. Fuzzy sets and systems, 2000, 115(1): 67-82.

[136] HERRERA F, HWEEWEA-VIEDMA E, MARTÍNEZ L. A fuzzy linguistic methodology to deal with unbalanced linguistic term sets[J]. IEEE transactions on fuzzy systems, 2008, 16(2): 354-370.

[137] 李登峰,杨洁.供应商风险等级评估的二元语义模型与方法[J].福州大学学报(哲学社会科学版),2013,28(5):33-36.

[138] 楼文高,王广雷,冯国珍.旅游安全预警 TOPSIS 评价研究及其应用[J]. 旅游学刊,2013,28(4):66-74.

[139] 汪培庄.模糊集与随机集落影[M].北京:北京师范大学出版社,1985.

[140] 李洪兴.因素空间理论与知识表示的数学框架(Ⅷ):变权综合原理[J].模糊系统与数学,1995,9(3):1-9.

[141] 刘文奇.一般变权原理与多目标决策[J].系统工程理论与实践,2000,20(3):1-11.

[142] BELL D E. Regret in decision making under uncertainty[J]. Operations research, 1982,30(5):961-981.

[143] LOOMES G, SUGDEN R. Regret theory: an alternative theory of rational choice under uncertainty[J]. The economic journal, 1982, 92(368):805-824.

[144] 张顺明,叶军.后悔理论述评[J].系统工程,2009,27(2):45-50.

[145] 张晓,樊治平,陈发动.基于后悔理论的风险型多属性决策方法[J].系统工程理论与实践,2013,33(9):2313-2320.

[146] 张晓,樊治平,陈发动.考虑后悔规避的风险型多属性决策方法[J].系统管理学报,2014,23(1):111-117.

[147] 陈守煜.复杂水资源系统优化模糊识别理论与应用[M].长春:吉林大学出版社,2005.

[148] DE LUCA A, TERMINI S. A definition of nonprobabilistic entropy in the setting of fuzzy sets theory[J]. Information and control, 1972, 20(4):301-312.

[149] 李凡修,梅平.煤矿安全评价的等效数值模型及应用[J].矿业安全与环保,2009,36(1):86-87.

[150] 陈国宏,陈衍泰,李美娟.组合评价系统综合研究[J].复旦学报(自然科学版),2003,42(5):667-672.

[151] 郭亚军,马赞福,张发明.组合评价方法的相对有效性分析及应用[J].中国管理科学,2009,17(2):125-130.

[152] 张育蝉.河南高山镇赤泥尾矿库溃坝风险评价研究[D].阜新:辽宁工程技术大

学,2009.

[153] 钟群鹏,张峥,有移亮.我国安全生产(含安全制造)的科学发展若干问题[J].机械工程学报,2007,43(1):7-18.

[154] 郑小平,高金吉,刘梦婷.事故预测理论与方法[M].北京:清华大学出版社,2009.

[155] 刘思峰,党耀国.预测方法与技术[M].北京:高等教育出版社,2005.

[156] 郭德勇,郑茂杰,鞠传磊,等.采煤工作面瓦斯涌出量预测逐步回归方法[J].北京科技大学学报,2009,31(9):1095-1099.

[157] 于洪霞,季建华,李兴.一种基于 Logistic 回归的全损飞行事故分析与预测[J].中国安全科学学报,2010,20(3):34-38.

[158] WEDDING D K,CIOS K J.Time series forecasting by combining RBF networks,certainty factors,and the box-jenkins model[J].Neurocomputing,1996,10(2):149-168.

[159] HANSEN J,NELSON R.Time-series analysis with neural networks and ARIMA-neural network hybrids[J]. Journal of experimental and theoretical artificial intelligence, 2003,15(3):315-330.

[160] 张学林,孙志友,汪金辉,等.基于马尔可夫链的城市火灾预测[J].火灾科学,2006,15(3): 168-171.

[161] 刘思峰,谢乃明.灰色系统理论及其应用[M].2 版.北京:科学出版社,2008.

[162] MARTÍN J E,RIVAS J T,MATÍAS T,et al.A Bayesian network analysis of workplace accidents caused by falls from a height[J]. Safety science,2009,47(2):206-214.

[163] 裘江南,王延章,董磊磊,等.基于贝叶斯网络的突发事件预测模型[J].系统管理学报,2011,20(1):98-103.

[164] 周福宝,李金海.煤矿火区启封后复燃预测的 BP 神经网络模型[J].采矿与安全工程学报,2010,27(4):494-498.

[165] 张卫华,孙浩,穆朝絮.基于支持向量机的交通安全预测模型及仿真研究[J].系统仿真学报,2009,21(19):6266-6270.

[166] KIM K-J.Financial time series forecasting using support vector machines[J].Neurocomputering,2003,55(1/2):307-319.

[167] 谢振华.安全系统工程[M].北京:冶金工业出版社,2010.

[168] PAWLAK Z.Rough Sets[J].International journal of computer and information science, 1982,11(5): 341-356.

[169] PAWLAK Z.Rough sets and their applications[J]. Microcomputer applications,1994, 13(2): 71-75.

[170] PAWLAK Z,JERZY G,SLOWINSKI R,et al.Rough sets[J].Communications of ACM,1995,38(11): 89-95.

[171] 苗夺谦,李道国.粗糙集理论、算法与应用[M].北京:清华大学出版社,2008.
[172] 刘清.Rough 集及 Rough 推理[M].北京:科学出版社,2001.
[173] 马玉良,赵光宙,厉小润.基于粗糙集理论的系统参数重要性评价及其应用[J].煤炭学报,2004,29(5):626-629.
[174] 曹秀英,梁静国.基于粗集理论的属性权重确定方法[J].中国管理科学,2002,10(5):99-101.
[175] 王魁军.矿井瓦斯防治技术优选:瓦斯涌出量预测与抽放[M].北京:中国矿业大学出版社,2008.
[176] 杨玉中,吴立云,何俊,等.煤矿瓦斯重大灾害预警理论及应用[M].北京:北京师范大学出版社,2010.
[177] NOACK K. Control of gas emissions in underground coal mines[J]. International journal of coal geology,1998,35(1):57-82.
[178] LUNARZEWSKI L W.Gas emission prediction and recovery in underground coal mines[J].International journal of coal geology,1998,35(1):117-145.
[179] XU J L,YU B J,LOU J F,et al.Characteristics of gas emission at super-length fully-mechanized top coal caving face[J]. Journal of China university of mining and technology,2007,17(4):447-452.
[180] 王景山,朱炎铭,宋金栋,等.矿井瓦斯涌出量预测方法综述[J].能源技术与管理,2008(4):49-51.
[181] 姜文忠,霍中刚,秦玉金.矿井瓦斯涌出量预测技术[J].煤炭科学技术,2008,36(6):1-4.
[182] 陈洋,刘恩,陈大力,等.瓦斯涌出量分源预测法的发展与实践研究[J].煤矿安全,2010(2):73-76.
[183] NING C.Gas emission prediction of newly built mine by analogy of gas geology[C]//Proceedings in mining science and safety technology.Beijing,2002: 407-410.
[184] 黄文标,施式亮.基于改进 Lyapunov 指数的瓦斯涌出时间序列预测[J].煤炭学报,2009,34(2):1665-1668.
[185] 肖鹏,李树刚,宋莹,等.瓦斯涌出量的灰色建模及其预测[J].采矿与安全工程学报,2009,26(3):318-321.
[186] 朱红青,常文杰,张彬.回采工作面瓦斯涌出 BP 神经网络分源预测模型及应用[J].煤炭学报,2007,32(5):504-508.
[187] 何利文,施式亮,宋译,等.基于支持向量机(SVM)的回采工作面瓦斯涌出混沌预测方法研究[J].中国安全科学学报,2009,19(9):42-46.
[188] 王晓路,刘健,卢建军.基于虚拟状态变量的卡尔曼滤波瓦斯涌出量预测[J].煤炭

学报,2011,36(1):80-85.
[189] 陶云奇,许江,李树春.改进的灰色马尔柯夫模型预测采煤工作面瓦斯涌出量[J].煤炭学报,2007,32(4):391-395.
[190] 曾庆奎,任向阳,刘开第.矿井工作面瓦斯涌出量预测的未确知聚类研究[J].煤炭学报,2006,31(3):337-341.
[191] 徐德金,胡宝林.基于GIS技术的瓦斯涌出量预测[J].中国煤炭,2009,35(5):94-96.
[192] 詹海光,尹利平.采煤工作面瓦斯涌出量的聚类预测[J].矿业工程研究,2009,24(3):38-40.
[193] 李焱.模糊聚类分析在煤矿瓦斯涌出量预测中的应用[J].煤炭技术,2010,29(9):82-83.
[194] 曲生.层次分析法的改进及在安全决策中应用的研究[J].中国安全生产科学技术,2009,5(5):111-114.
[195] 许开立,陈宝智,陈全,等.基于模糊熵的多目标模糊优选模型及其应用[J].煤炭学报,2000,25(4):397-400.
[196] 陈建宏,刘浪,杨珊,等.灰色理论与区间数多属性决策在采矿方案优选中的应用[J].西安建筑科技大学学报(自然科学版),2010,42(6):899-906.
[197] 罗景峰,许开立.应急决策指挥方案优选的灰局势决策[J].中国公共安全(学术版),2010,19(2):69-71.
[198] 高文华,张志敏,朱建群.基于模糊BP神经网络的深基坑支护方案优选[J].中国安全科学学报,2006,16(7):4-8.
[199] 张婕,曹西京,杨玮,等.基于模糊神经网络的安全生产方案决策[J].工业工程,2010,13(6):105-108.
[200] 杜坤,李夕兵,周健,等.采矿方案优选的熵模糊物元决策模型[J].矿冶工程,2010,30(5):12-17.
[201] 王书明,何学秋,王恩元.基于"流变-突变"理论的安全投入决策[J].中国安全科学学报,2009,19(11):46-51.
[202] 夏登友,辛晶,程晓红.消防灭火救援指挥中优选方案的效用模型[J].火力与指挥控制,2008,33(6):78-80.
[203] 洪航,商靠定,张学魁,等.基于信息熵评价决策模型的突发公共事件应急处置指挥方案优选[J].中国安全科学学报,2009,19(2):160-164.
[204] 罗景峰,许开立.基于集对分析的应急指挥方案优选[C]//中国职业安全健康协会.中国职业安全健康协会2010年学术年会论文集.北京:煤炭工业出版社,2010.
[205] 陈肯.区间数多属性决策在飞机一发失效应急程序方案优选中的应用[J].中国安

全科学学报,2010,20(5):35-38.

[206] 马中飞,闫正波,姚帅.基于安全价值工程的煤矿通风系统方案优选[J].煤矿安全,2010(8):41-44.

[207] 田水承,景国勋.安全管理学[M].北京:机械工业出版社,2009.

[208] 范维澄.国家突发公共事件应急管理中科学问题的思考和建议[J].中国科学基金,2007,21(2):71-76.

[209] 曾伟,周剑岚,王红卫.应急决策的理论与方法探讨[J].中国安全科学学报,2009,19(3):172-176.

[210] 张云龙,刘茂.应急救援中的应急决策[J].中国公共安全(学术版),2009,14(1):66-69.

[211] 刘士兴,张永明,袁非牛,等.城市公共安全应急决策支持系统研究[J].安全与环境学报,2007,7(2):140-143.

[212] 罗云.安全经济学[M].2 版.北京:化学工业出版社,2010.

[213] 陈全君,何学秋.系统的安全发展规律与安全投入决策研究[M].北京:中国矿业大学出版社,2006.

[214] 王书明.煤矿安全投入系统分析及其决策的研究[D].徐州:中国矿业大学,2008.

[215] 梅强.安全投资方向决策的研究[J].中国安全科学学报,1999,9(5):45-50.

[216] 谢正文,胡汉华.灰色关联分析在安全投资方案选择中的探讨[J].工业安全与环保,2005,31(1):51-53.

[217] 施世亮,刘莉君,曹休宁,等.基于灰色系统理论的安全投资方向优化分析[J].中国安全科学学报,2007,17(4):62-66.

[218] 李登峰.模糊多目标多人决策与对策[M].北京:国防工业出版社,2003.

[219] 李登峰.直觉模糊集决策与对策分析方法[M].北京:国防工业出版社,2012.

[220] 王坚强,孟利宇,陈晓红.基于决策者风险态度的多准则决策的 Vague 集方法[J].系统工程与电子技术,2009,31(2):361-365.

[221] 樊治平,陈发动,陈晓.考虑决策者心理行为的区间数多属性决策方法[J].东北大学学报(自然科学版),2011,32(1):136-139.

[222] 刘文奇.均衡函数及其在变权综合中的应用[J].系统工程理论与实践,1997,17(4):58-65.

[223] 聂茂林.供应链合作伙伴选择的层次变权多因素决策[J].系统工程理论与实践,2006,26(3):25-32.

[224] 冯庆高,周传波,傅志峰,等.基坑支护方案的灰色模糊可变决策模型[J].岩土力学,2010,31(7):2226-2231.

[225] 罗景峰,许开立.基于可变模糊优选理论的应急指挥决策[J].中国安全科学学报,

2010,20(7):147-150.

[226] 刘辰龙,袁永博.基于可变模糊集的权重信息不完全的语言多属性决策研究[J].模糊系统与数学,2014,28(4):84-89.

[227] 余高锋,李登峰,刘文奇.考虑决策者心理行为特征的激励型变权决策方法研究[J].系统工程理论与实践,2017,37(5):1304-1312.

[228] 汪明武,金菊良.联系数理论与应用[M].北京:科学出版社,2016.

[229] BILLINTON R, WANG P. Reliability network equivalent approach to distribution system reliability evaluation[J].IEEE proceedings-generation, transmission and distribution, 1998, 145(2):149-153.

[230] 郭永基.电力系统可靠性分析[M].北京:清华大学出版社,2003.

[231] 沈祖培,黄祥瑞.GO 法原理及应用:一种系统可靠性分析方法[M].北京:清华大学出版社,2004.

[232] 任震,万官泉,黄雯莹.参数不确定的配电系统可靠性区间评估[J].中国电机工程学报,2003,23(12):68-73.

[233] 黄丽华,李春兰,陈俊红,等.基于贝叶斯网络及时序模拟的配电系统可靠性评估[J].农业工程学报,2010,26(1):272-277.

[234] HEYDT G T, GRAF T J.Distribution system reliability evaluation using enhanced samples in a Monte Carlo approach[J].IEEE transactions on power systems, 2010, 25(4): 2006-2008.

[235] LIU Y, SINGH C.Reliability evaluation of composite power systems using Markov cut-set method[J].IEEE transactions on power systems, 2010, 25(2): 777-785.

[236] XING Y Y , WU X Y, JIANG P.Dynamic Bayesian evaluation method for system reliability growth based on in-time correction[J].IEEE transactions on reliability, 2010, 59(2):309-312.

[237] YANG Q Y, CHEN Y.Monte Carlo methods for reliability evaluation of linear sensor systems[J].IEEE transactions on reliability, 2011, 60(1):305-314.

[238] SHARMA V K, AGARWALA M, SEN K.Reliability evaluation and optimal design in heterogeneous multi-state series-parallel systems[J]. Information sciences, 2011, 181(2):362-378.

[239] SCHILLING M T, SOUZA J C S, ALVES DA SILVA A P, et al. Power systems reliability evaluation using neural networks[J].International journal of engineering intelligent systems for electrical engineering and communications, 2001, 9(4): 219-226.

[240] 罗一忠,吴爱祥,胡国斌,等.采场人-机-环境系统可靠性模糊综合评价[J]. 中南大学学报(自然科学版),2006,37(4):804-809.

[241] 陈开岩,王超.矿井通风系统可靠性变权综合评价的研究[J].采矿与安全工程学报,2007,24(1):37-41.

[242] 魏效玲.基于系统层次灰关联分析理论的刮板链可靠性评价[J].煤炭学报,2007,32(12):1320-1323.

[243] 赵光海,肖殿良.紧急救援系统可靠性评价指标及评价方法研究[J].中国安全科学学报,2010,20(3):102-106.

[244] 牛东晓,任峰,陈莉,等.配电系统可靠性评价的物元模型分析[J].华北电力大学学报,2003,30(6):52-54.

[245] 郭金童,汪波.煤矿水灾害救治的物流系统及其可靠性评价[J].自然灾害学报,2008,17(2):131-137.

[246] GONG Z X,YANG J G.Fuzzy matter-element evaluation method for reliability analysis of an existing highway tunnel[J].Advanced materials research,2011,163-167:3110-3113.

[247] 杨建国,谢永利,李俊升,等.服役公路隧道结构模糊物元可靠性评价[J].西南大学学报(自然科学版),2010,32(3):162-166.

[248] 申桂香,邵娜,张英芝,等.基于可拓学理论的数控机床可靠性评价[J].吉林大学学报(工学版),2011,41(1):106-109.

[249] 赵涛,林青.可靠性工程基础[M].天津:天津大学出版社,1999.

[250] 金星,洪延姬.工程系统可靠性数值分析方法[M].北京:国防工业出版社,2002.

[251] 卢明银,徐人平.系统可靠性[M].北京:机械工业出版社,2008.

[252] 程五一,王贵和,吕建国.系统可靠性理论[M].北京:中国建筑工业出版社,2010.

附录1　可变模糊评价方法MATLAB计算程序

```
%可变模糊评价方法MATLAB计算程序
u0=[0.2857  0.6429  0.0714  0.0000  0.0000  %样本相对隶属度矩阵
    0.7000  0.3000  0.0000  0.0000  0.0000
    0.8000  0.2000  0.0000  0.0000  0.0000
    0.9000  0.1000  0.0000  0.0000  0.0000
    0.5000  0.5000  0.0000  0.0000  0.0000
    0.5833  0.4167  0.0000  0.0000  0.0000
    0.5500  0.4500  0.0000  0.0000  0.0000
    0.8000  0.2000  0.0000  0.0000  0.0000
    0.7000  0.3000  0.0000  0.0000  0.0000
    0.5500  0.4500  0.0000  0.0000  0.0000
    0.5500  0.4500  0.0000  0.0000  0.0000
    0.3103  0.6552  0.0345  0.0000  0.0000
    0.7250  0.2750  0.0000  0.0000  0.0000];
w=[0.1113, 0.2194, 0.1462, 0.0219, 0.0287, 0.0104, 0.0135, 0.1958, 0.1085, 0.1037, 0.0128, 0.0139, 0.0141]; %评价指标权重
m=13; %评价指标数
n=5; %预警等级数
a=1; p=1; %为(a, p)第一种组合，另外三种组合情况为(a=1; p=2)、(a=2; p=1)和(a=2; p=2)
u=u0'; %对相对隶属度矩阵进行转置
for i=1:n
    shang=0; xia=0;
    for j=1:m
        shang=shang+((1-u(i, j)) * w(j))^p;
        xia=xia+(u(i, j) * w(j))^p;
    end
    uu(i)= 1/(1+(shang/xia)^(a/p));
end
uu;   %非归一化的综合相对隶属度矩阵
```

```
uu=uu/sum(uu); %归一化的综合相对隶属度矩阵
h_s=0.0;
for i=1:n
    h_s=h_s+uu(i)*i;
end
h_s %输出级别特征值
```

附录2　可变模糊模式识别方法MATLAB计算程序

```
%可变模糊模式识别方法 MATLAB 计算程序
r=[1.0  0.625  0.83  1.0  0.982  0.125  1.0  0.333  1.0  0.222]';  %评价指标特征值规格化向量
s=[1.000  0.625  0.500  0.250  0.000  %评价指标标准特征值规格化矩阵
   1.000  0.625  0.500  0.250  0.000
   1.000  0.778  0.556  0.222  0.000
   1.000  0.889  0.556  0.222  0.000
   1.000  0.895  0.789  0.632  0.000
   1.000  0.963  0.563  0.313  0.000
   1.000  0.854  0.488  0.122  0.000
   1.000  0.917  0.617  0.200  0.000
   1.000  0.778  0.444  0.333  0.000
   1.000  0.556  0.333  0.111  0.000];
w=[0.1096, 0.1266, 0.1455, 0.0945, 0.0727, 0.0671, 0.1296, 0.0834, 0.1096, 0.0616]; %评价指标权重
m=5; %评价级别数目
a1=1; b1=m; %级别下、上限值
n=10; %评价指标数目
a=1; p=1; %为(a, p)第一种组合，另外三种组合情况为(a=1; p=2)、(a=2; p=1)和(a=2; p=2)
for h=1:m
    sum_k=0;
    for k=a1:b1
        sum_s=0; sum_x=0; %分子、分母初始值
        for i=1:n
            sum_s=sum_s+(w(i)*abs(r(i)-s(i,h)))^p;
            sum_x=sum_x+(w(i)*abs(r(i)-s(i,k)))^p;
        end
        sum_k_k(k)=(sum_s/sum_x)^(a/p);
        sum_k=sum_k+sum_k_k(k);
```

```
    end
    if(h>b1 | h<a1)
        u(h)= 0.0;
    else
        u(h)= 1/sum_k;
    end
end
u; %综合相对隶属度矩阵
h_sum=0.0;
for i=1:m
    h_sum=h_sum+i * u(i);
end
h_sum %输出级别特征值
```

附录 3　可变模糊聚类循环迭代方法 MATLAB 计算程序

```
%可变模糊聚类循环迭代方法 MATLAB 计算程序
n=12; %样本数目
m=5; %指标数目
%指标特征值矩阵
x=[604  531  420  634  550  408  527  411  456  563  590  516
   6.2  2.9  1.8  6.5  2.9  2    2.5  2    2.2  3    5.9  2.8
   4.03 3.35 2.14 4.8  3.61 1.92 2.8  2.15 2.4  3.68 4.21 3.22
   2.64 3.68 4.13 2.92 4.02 4.42 3.28 4.16 4.51 3.53 2.85 3.45
   3354 2288 1751 3620 2325 1825 1979 1527 2104 2410 3139 2242];
for j=1:n %对指标特征值矩阵进行规格化处理，得到相对隶属度矩阵 r
    r(1,j)=(x(1,j)-min(x(1,:)))/(max(x(1,:))-min(x(1,:)));
    r(2,j)=(x(2,j)-min(x(2,:)))/(max(x(2,:))-min(x(2,:)));
    r(3,j)=(x(3,j)-min(x(3,:)))/(max(x(3,:))-min(x(3,:)));
    r(4,j)=(x(4,j)-min(x(4,:)))/(max(x(4,:))-min(x(4,:)));
    r(5,j)=(x(5,j)-min(x(5,:)))/(max(x(5,:))-min(x(5,:)));
end
u=[0 0 1 0 0 1 0 1 1 0 0 0  %给定初始值3*12
   0 1 0 0 1 0 1 0 0 1 0 1
   1 0 0 1 0 0 0 0 0 0 1 0];
c=3; %划分的等级
a=1; p=1; %为(a, p)第一种组合，另外三种组合情况为(a=1; p=2)、(a=2; p=1)和(a=2; p=2)
w=[0.2744 0.2744 0.0762 0.1875 0.1875]; %指标权重
e1=0.0001; e2=0.0001; %e1、e2 分别为模糊聚类矩阵与聚类中心矩阵迭代计算精度
%以下为求模糊聚类中心矩阵 s
while(1)
for i=1:m
    for h=1:c
        sum1=0; sum2=0;
```

```
        for j=1:n
            sum1=sum1+(u(h, j)^(a/(p-1))) * r(i, j);
            sum2=sum2+u(h, j)^(a/(p-1));
        end
        s(i, h)= sum1/sum2;
    end
end
%以下求最优模糊聚类矩阵 u1
for h=1:c
    for j=1:n
        s12=0;
        for k=1:c
            ss1=0; ss2=0;
            for i=1:m
                ss1=ss1+(w(i) * (r(i, j)-s(i, h)))^p;
                ss2=ss2+(w(i) * (r(i, j)-s(i, k)))^p;
            end
            s12=s12+ss1/ss2;
        end
        u1(h, j)= 1/s12;
    end
end
%以下求最优模糊聚类中心矩阵 s1
for i=1:m
    for h=1:c
        sum1=0; sum2=0;
        for j=1:n
            sum1=sum1+(u1(h, j)^(a/(p-1))) * r(i, j);
            sum2=sum2+u1(h, j)^(a/(p-1));
        end
        s1(i, h)= sum1/sum2;
    end
end
if(max(max(abs(u1-u)))<e1 & max(max(abs(s1-s)))<e2)
```

```
        break;
    end
    %以下求相对隶属度矩阵 u, 为下一次循环做准备
    for h=1:c
        for j=1:n
            s12=0;
            for k=1:c
                ss1=0; ss2=0;
                for i=1:m
                    ss1=ss1+(w(i)*(r(i,j)-s1(i,h)))^p;
                    ss2=ss2+(w(i)*(r(i,j)-s1(i,k)))^p;
                end
                s12=s12+ss1/ss2;
            end
            u(h,j)=1/s12;
        end
    end
end
u1
s1
for j=1:n
    h_sum(j)=0;
end
for j=1:n
    for h=1:c
        h_sum(j)=h_sum(j)+u1(h,j)*h;
    end
end
%求待预测的三组样本数据
xx=[607   432    640
    6.1   2.3    6.3
    4.34  2.58   4.67
    2.77  4.67   2.75
    3087  2078   3412];
```

```
nn=3;
for j=1:nn
rr(1, j)=(xx(1, j)-min(min(x(1, :)), min(xx(1, :))))/(max(max(x(1, :)),
max(xx(1, :)))-min(min(x(1, :)), min(xx(1, :))));
rr(2, j)=(xx(2, j)-min(min(x(2, :)), min(xx(2, :))))/(max(max(x(2, :)),
max(xx(2, :)))-min(min(x(2, :)), min(xx(2, :))));
rr(3, j)=(xx(3, j)-min(min(x(3, :)), min(xx(3, :))))/(max(max(x(3, :)),
max(xx(3, :)))-min(min(x(3, :)), min(xx(3, :))));
rr(4, j)=(xx(4, j)-min(min(x(4, :)), min(xx(4, :))))/(max(max(x(4, :)),
max(xx(4, :)))-min(min(x(4, :)), min(xx(4, :))));
rr(5, j)=(xx(5, j)-min(min(x(5, :)), min(xx(5, :))))/(max(max(x(5, :)),
max(xx(5, :)))-min(min(x(5, :)), min(xx(5, :))));
end
%以下求最优模糊识别矩阵 uu
for h=1:c
    for j=1:nn
        s12=0;
        for k=1:c
            ss1=0; ss2=0;
            for i=1:m
                ss1=ss1+(w(i) * abs(rr(i, j)-s1(i, h)))^p;
                ss2=ss2+(w(i) * (rr(i, j)-s1(i, k)))^p;
            end
            s12=s12+(ss1/ss2)^(a/p);
        end
        uu(h, j)= 1/s12;
    end
end
uu
```

附录 4　可变模糊优选决策方法 MATLAB 计算程序

```
%可变模糊优选决策方法 MATLAB 计算程序
w=[0.1349  0.2804  0.1870  0.2294  0.1683]  ; %决策指标权重
r=[0.1051  0.8682  0.1842  0.6863  1.0000 %决策指标相对隶属度矩阵
   0.2206  0.7179  0.2258  0.5385  0.6182
   1.0000  0.9333  0.4375  1.0000  0.4503
   0.3172  0.5657  0.3182  0.4850  0.5191
   0.4842  1.0000  0.3889  0.6667  0.4000
   0.1508  0.5895  0.4375  0.7692  0.4564
   0.1157  0.4848  0.5833  0.5738  0.4304
   0.1227  0.8296  0.7778  0.3933  0.2918
   0.1223  0.4498  1.0000  0.5882  0.2969];
N=9; %方案数目
M=5; %决策指标数目
a=1; p=1; %为(a, p)第一种组合, 另外三种组合情况为(a=1; p=2)、(a=2; p=1)和(a=2; p=2)
for i=1:N
    te1=0; te2=0;
    sum1=0; sum2=0;
    for j=1:M
        te1=w(j) * (1-r(i, j));
        te2=w(j) * r(i, j);
        sum1=sum1+te1^p;
        sum2=sum2+te2^p;
    end
    u(i)= 1/(1+(sum1/sum2)^(a/p));
end
u %输出方案对应的相对优属度向量
```